苏末 编著

小户型装出大格局

现代美式风格

SMALL MODEL, LARGE PATTERN

MODERN AMERICAN STYLE

江苏凤凰科学技术出版社

图书在版编目（CIP）数据

小户型装出大格局. 现代美式风格 / 苏末编著. --
南京 ：江苏凤凰科学技术出版社，2017.10
ISBN 978-7-5537-3211-4
Ⅰ. ①小… Ⅱ. ①苏… Ⅲ. ①住宅-室内装饰设计
Ⅳ. ①TU241
中国版本图书馆CIP数据核字(2017)第197137号

小户型装出大格局 现代美式风格

编　　著　苏　末
项目策划　凤凰空间/刘立颖　庞　冬
责任编辑　刘屹立　赵　研
特约编辑　庞　冬

出版发行　江苏凤凰科学技术出版社
出版社地址　南京市湖南路1号A楼，邮编：210009
出版社网址　http://www.pspress.cn
总　经　销　天津凤凰空间文化传媒有限公司
总经销网址　http://www.ifengspace.cn
印　　刷　天津市豪迈印务有限公司

开　　本　787 mm×1 092 mm　1/16
印　　张　7
字　　数　56 000
版　　次　2017年10月第1版
印　　次　2018年5月第2次印刷

标准书号　ISBN 978-7-5537-3211-4
定　　价　39.80元

序

轻美式　慢生活

我想和你一起生活，在阳光轻洒的早晨，在月色朦胧的黄昏，在此之前，我要修建一座属于你和我的微光之城。踩着阳光的脚步，和着吉他的节奏，情绪在每一刻酝酿，让所有的快乐都有了想象。一房两人、三餐四季，共飨生活五味，我爱的，就是这样清新雅致的蓝调生活。

“理想很丰满，现实很骨感”，在房价日益高涨的今天，家对年轻人来说已然成为奢侈品，快节奏的都市生活压得人们喘不过气，因此人们更需要一方属于自己的“净土”、一个和家人待在一起的舒适居住空间。在温馨、浪漫、舒适为主的设计构思风潮下，一直以来现代美式风格以其开放包容的姿态成为当下追求时尚精致生活的年轻人的最爱。

美国是移民国家，在欧洲各国移民大量涌入的同时，也给这片土地带来了多元化的装饰风格。美国人一直崇尚自由，这也造就了其自在、随意的生活方式，其装饰没有太多约束，不经意间营造出一种大气的浪漫；而美国文化又是以移植文化为主导，它有着欧罗巴的奢侈与贵气，却又结合了美洲大陆的狂放与不羁，这样结合的结果是剔除了许多羁绊，但又能找寻文化根基上新的怀旧且不失自在的风格。而美式风格在打造舒适的居住环境的同时，亦能表现出高贵的风格和文化气质。

随着工业时代的到来，以形式服务功能为宗旨的现代主义兴起，现代美式风格也日渐成为一种更符合现代人审美的新风格。现代美式风格有别于传统美式风格，在于前者减弱了传统美式中的历史感，融入了更多个人风格和后工业时代风格，同时摈弃了过去风格中过于厚重、奢华、繁复的装饰元素。比如，表现在美式家具上，我们可以明显感觉到现代美式家具的体量在变小、色彩在变淡、造型更简约、材料更新颖。此外，现代美式风格遵循“少即是多”的设计原则，更加注重功能性和舒适性，同时也能兼顾空间的灵活性和实用性。

美国人务实的性格决定了他们在家居生活中，以“舒适”为第一目标的态度。房子不仅要美观，更要让身处其中的人感到温暖与舒适，而现代美式风格的精髓恰恰体现在了这种平实之中。美式家具沉稳厚实，强调实用与个性，材质最好选择实木或者耐用结实的材质，有时也会做旧处理，越旧反而越能体现其独特的魅力。壁炉是美式装修的标志性符号，也是传统美式文化的延续，在客厅中打造一面壁炉电视墙，浓浓美式风便蔓延开来。想让现代美式风格更彻底一些，实木护墙板必不可少，但不同于传统美式中的大面积铺设，现代美式更倾向于做一些局部点缀，收到以少胜多的视觉效果。

在浮躁的当下，对现代美式风格的热爱说到底是对随性舒适生活、对自由和美的向往，也是疲惫生活中的英雄梦想！

武汉诗享家环境艺术设计有限公司

目 录

READ

春意盎然的美式现代三居室

明尼苏达

本案例以白色与淡蓝色为基调，整个空间色彩明亮、简单雅致，绿植与摆件相呼应；沉静的蓝色让人在每个夜幕来临时都深感内心回归平静的坦然。设计师秉承“轻装修、重装饰” 的理念，硬装造型减到最少，而把大部分的精力放在后期软装上，造型简洁的美式家具、跳色的软装配饰、清新的绿植摆件等，营造出一个包容性极强的美式现代空间。

房屋面积：110 平方米
主设计师：董波
设计单位：成都以勒室内设计工作室
软装设计：成都以勒室内设计工作室
项目主材：实木地板、白色地铁砖、彩色乳胶漆、石膏线、壁纸、榻榻米

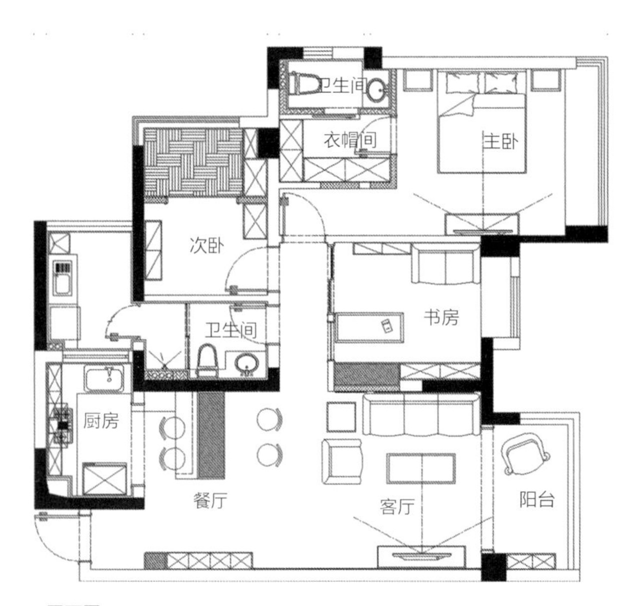

平面图

平面图分析

本案例空间格局是三室两厅一厨两卫一阳台。房型很正，设计师没有做过多改动。进门玄关柜兼具展示功能；公共区域呈开放式，客厅、餐厅连成一体，客厅外紧临休闲阳台，空间通透，采光极好。主卧和书房朝阳，主卧自带卫生间和衣帽间，功能性强；儿童房在临窗处打造了榻榻米卧床，储物空间丰富；书房兼做客卧。整个空间布局紧凑，空间利用率高。

单椅
美式黄白几何图案单椅，巧妙的创意、亮丽的颜色，打破了沉闷感，让客厅显得生动起来。
材质：棉麻
价格：1800 ~ 2600 元

地毯
美式简约树叶客厅地毯，细腻的线条、优雅的结构，塑造出摩登的居室美感。
材质：仿羊毛
价格：1500 ~ 2000 元

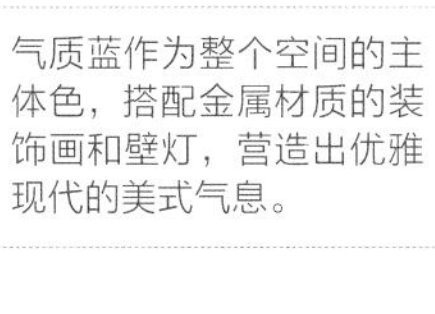

气质蓝作为整个空间的主体色，搭配金属材质的装饰画和壁灯，营造出优雅现代的美式气息。

以淡蓝色为主色调的美式气质客厅

客厅的色彩明亮舒适，淡蓝色的墙面、素雅的布艺沙发、不加修饰的深色实木家具搭配得简约而舒适；客厅的设计亮点在于将自然主义情调贯穿始终，以绿植作为软装点缀，使得整个空间绿意盎然，充满自然活力。

时尚简约的吧台餐厅

客厅背景墙造型简单，与沙发背景墙形成呼应，各种绿植成为空间中最出彩的软装饰品，灵动清新，家马上就有了别样的感受。

餐厅与客厅的色调非常统一，因餐厅面积比较小，所以设计师特意定制了吧台，白色的石英石台面搭配金色的餐椅，时尚又帅气。背景墙上挂上几个漂亮的装饰盘，让用餐更有氛围。

装饰盘
古典建筑挂盘，堪称墙面艺术大师，其随意的组合让空间更有格调。
材质：陶瓷
价格：35 ~ 50 元 / 个

沙发旁靠近落地窗的角落是享受阳光的好地方。一把蓝色单椅配上养眼的绿植，读书、小憩或陪家人聊天都非常惬意。

碎花墙纸点缀的清雅卧室

主卧延续优雅的格调，地面是温润的复古实木地板，蓝色碎花墙纸和白色石膏线组成床头背景，搭配简约大气的美式高背白色双人床，美式情调呼之欲出。大面积的飘窗为卧室带来充足的采光，更添魅力。

吊灯
美式纯铜鸟笼创意吊灯，以轻奢为美，典雅质朴，点亮了卧室空间。
材质：铜
价格：1200 ~ 1600 元

台灯
美式简约斜纹台灯，质感细腻的陶瓷灯体造型曼妙，提升了卧室品位。
材质：陶瓷
价格：420 ~ 460 元

白色的折叠门后是隐形的步入式衣帽间和主卧卫生间，设计师化整为零，空间布局充满巧思和匠心，这样的设计值得小户型借鉴。

一整面的绿色植物壁纸、一盏铜艺吊灯、一把米色单椅，儿童房绿意盎然，随时可以拥抱自然。

色彩明丽的儿童房

整个空间中业主最满意的就是儿童房，墙面做成多边拱形，里面是特制靠窗榻榻米床，使得整个空间充满个人特色。 墨绿色波浪幔头窗帘搭配可爱的蓝色床品，这样的空间清新活泼，透着迷人的美式情怀。

榻榻米下面是丰富的储物空间，非常实用。

功能齐全的书房空间

次卧是业主的书房，主要以功能性和实用性为考虑的重点。精致的金属吊灯和颇有工业风的台灯，搭配整面植物壁纸和简单的铁艺沙发床，整个空间给人一种简单舒适的感觉。

灰白色系的美式现代厨房

厨房空间简约时尚，墙面采用白色地铁砖，配以淡灰色的实木整体橱柜，白色石膏吊顶配上白色吊灯，既赋予了空间层次感，又让这间厨房极具设计感。

清凉简洁的卫生间

卫生间以白色为主色调，清新自然又不失简约优雅。绿色的浴室柜复古怀旧，打破了空间的单调感，给房间注入了一些活力和色彩。

美式厨房的窗户一般都配置窗帘，白色的半截纱帘是空间的点睛之笔。

1 防水石膏板吊顶
2 白色地铁砖
3 石英石台面
4 陶瓷
5 实木橱柜
6 钢化玻璃
7 白色地铁砖

时尚摩登的美式优雅家

似水流年

荷尔德林说：“人，诗意地栖居在大地上。”一个房子虽然简单刷白也能住，但生活是自己的，要讲究，不将就。设计的出发点是感受，回归的必然是生活。本案例从始至终秉持舒适的生活理念，打造业主理想的美式居家生活，在美式风格中融入了一些现代元素，美式传统的稳重与现代的摩登时尚相互交融，打造出颇具美感的生活空间。

房屋面积：120 平方米
主设计师：牧谣
设计单位：北京玖雅装饰有限公司
软装设计：北京玖雅装饰有限公司
项目主材：实木地板、彩色乳胶漆、实木护墙板、墙纸、仿大理石瓷砖、玻璃砖、硅藻泥

平面图

平面图分析

本案例空间格局是三室两厅一厨两卫两阳台。进门右手边是玄关与餐厅，左手边是可供客人休息的榻榻米小次卧，厨房呈 U 形布局，客厅宽敞明亮，紧邻视角 135° 不规则景观阳台。进入卧室的走道处，设计师专门布置了一道门，以保证主卧的私密性；儿童房有专门的阅读角，功能性十足。整个户型南北通透，动线合理。

蓝色系的摩登客厅

吊灯
美式八头全铜客厅灯，灯体比例优美，流露出雅致的气韵，极具观赏性和实用性。
材质：铜
价格：1200 ~ 1900 元

客厅整体低调奢华，沙发背景墙采用实木护墙板与蓝色装饰画结合，电视背景墙是护墙板与壁纸结合，营造美式氛围。软装上运用亮黄色、蓝色、绿色、金属色等互补色系形成视觉反差，让空间不显清冷，进门便可感受到这个桃之夭夭、灼灼其华的美式小家。

原始结构自带的视角 135° 不规则阳台，如果“沦落”为晾晒区实在可惜，只要用心收拾，这里便可化身为休闲之所。一桌一椅一本书，懂得停下发现美好，才能把日子过成诗。

花瓶
个性彩色陶瓷花瓶，酒瓶造型，釉彩亮泽，冰裂纹工艺；不同色彩随意组合，错落有致。
材质：陶瓷
定价：79 ~ 169 元

沙发
美式三人位乳胶布艺沙发，以自然之名，追求舒适简约。
材质：棉麻
价格：2600 ~ 3600 元

装饰画
抽象黄蓝色块装饰画，简约而不简单，艺术感十足。
材质：木
价格：600 ~ 1200 元

茶几
椭圆形大理石不锈钢茶几，造型简约，低调奢华。
材质：大理石、不锈钢
价格：1500 ~ 2600 元

从玄关看客厅，层次分明，视野通透，设计师赋予了空间自由感；空间蓝白搭配，清新自然，展现出美式特有的温馨格调。

巧用护墙板装饰的沙发背景墙

沙发背景墙大面积采用实木线条护墙板，装饰意味浓厚，中间蓝黄色系的抽象画颇具艺术气息，深蓝色的台灯、色彩跳跃的抱枕、布艺沙发等点亮了整个空间。

金色是这个空间的点缀元素，奢而不土，多而不乱。

小巧而精致的美式餐厅

将原储物间打开作为餐厅，使客厅和餐厅更为通透，黑白色的铆钉实木餐桌椅，低调奢华。餐厅背景采用淡蓝色花艺墙纸，勾勒出现代美式的优雅和从容。餐厅空间不必太大，关键是要营造出家人在一起吃饭时其乐融融的氛围。

吊灯
餐厅的三头美式蜡烛吊灯造型个性，尽显优雅大气。
材质：铜
价格：800 ~ 1000 元

餐厅一侧的回字形门厅的设计，可作为视觉分割，不仅满足玄关的储物功能，还起了保护客厅隐私性的作用，更有一种回廊望窗的感受。

吊灯
美式纯铜玄关、过道吊灯，纯手工打造，时尚而华贵。
材质：铜
价格：300 ~ 450 元

别出心裁的过道空间

设计师在卧室过道处增加了一扇门，门采用了圆弧造型，上半部分采用了玻璃材质，采光通透，成为主卧入户的一大亮点。过道尽头是一组印有花朵图案的定制家具，怀旧典雅，取开门见花之意。

紫色为主的优雅卧室

主卧以米白色和紫色为主色调，赋予空间优雅的气质；对称线板的设计延伸到卧室，使空间更为舒适。紫色的床品、床头壁纸和窗帘是主卧的点睛之笔，细节处流露着美感，营造浓浓的浪漫气息。

吸顶灯
美式纯铜卧室吸顶灯，打造简约精致的生活，感知自然的生活情趣。
材质：铜
价格：500 ~ 900 元

护墙板
白色实木背景护墙板，清雅舒适，多了一份温馨。
材质：木
价格：600 ~ 800 元 / 平方米

白色的壁灯线条简洁利落，与白色的床头柜相得益彰；一抹亮红点缀其间，给卧室增添了不少活力。

为儿童房打造一个阅读角

儿童房活泼清新，充满童趣童真，设计师特意在靠墙处打造了一处阅读角。墙面材质选用了绿色的硅藻泥，硅藻泥有吸附甲醛、净化空气的功效，低碳环保，而绿色则让人心情舒缓。

懒人沙发
儿童豆袋沙发，高靠背、宽座位，不仅是一个沙发，更是一件家居饰品。
材质：布
价格：300 ~ 450 元

巧用玻璃砖改善厨房采光

厨房整体搭配简洁雅致，墙砖采用凹凸不平的仿石材瓷砖，橱柜和台面选用白色系，简洁而不失大气。设计师将厨房一侧的原始门洞堵住，改造为玻璃砖窗户，既可把光线引领入内，又有良好的隔音效果。

1 防水铝扣板
2 玻璃砖
3 仿大理石台面
4 地砖

此处的玻璃砖可以有效改善厨房的采光，不仅增加了趣味性，还加强了空间之间的联系。

不同材质的墙地砖划分卫生间功能区

卫生间色彩的搭配遵循“少即是多”的原则，地面、墙面都是浅色系瓷砖，大大扩大了空间面积。主墙面上有花片，主次分明，增加了空间的层次感。金属材质也延伸到卫生间，置物架、水龙头、热水器等采用了香槟色，洁净典雅。

5 防水石膏板
6 仿大理石瓷砖
7 地砖

低调奢华的美式休闲雅居

秋日私语

本案例无论在空间布局、色彩运用，还是在材质选择上，均尊崇简而不凡的美式风格。在硬装结构上相对简单，客厅的壁炉电视背景墙平添了几丝美式风情；配色上朴素自然，以白色与优雅的石膏线条勾勒出空间的简约贵气，美式家具、挂画、灯具相搭配，共同营造了精致细腻而又自由浪漫的空间格调。

房屋面积：130 平方米
设计单位：武汉 C-IDEAS 陈放设计顾问机构
软装设计：武汉 C-IDEAS 陈放设计顾问机构
项目主材：仿古地砖、强化复合木地板、彩色乳胶漆、石膏线、壁纸、 LED 仿真火焰电壁炉

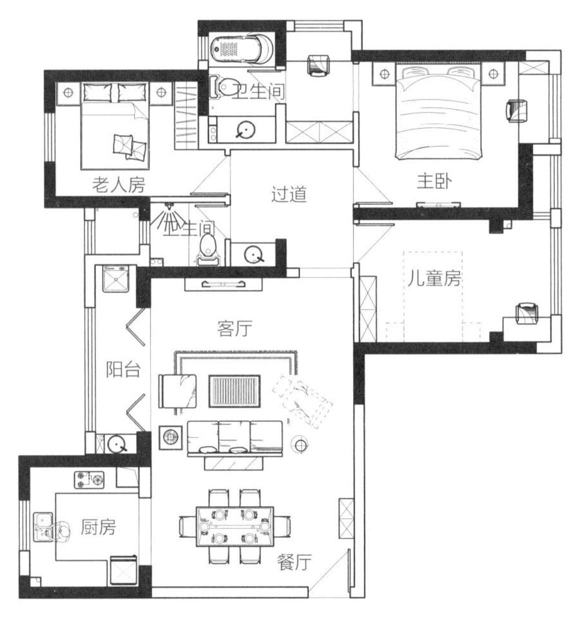

平面图

平面图分析

本案例空间格局是三室两厅一厨两卫一阳台。餐厅、客厅呈开放式布局，视野开阔；餐厅北接厨房，动线合理；客厅外串联着 4 米北向阳台，可以尽览窗外景致；主卧朝阳，独立卫生间、衣帽间、飘窗一应俱全；儿童房功能齐全；老人房布局紧凑。三间卧室独立分布，互不干扰，尽享品质生活的独立与私密。

吊灯
美式全铜圆形吊灯，大气典雅，体现出从容的生活态度，彰显生活品位。
材质：铜
价格：1200 ~ 2800 元

简约大气的温馨客厅

客厅的设计简约大气，弱化了美式的沉重感，石膏线条简洁清爽，白色的墙面和天花板搭配米色沙发与深色系的茶几，窗帘和沙发属同色系，深深浅浅的色彩搭配赋予空间极佳的层次感。

开放式的美式客厅、餐厅空间

全屋采用了开放式居住空间设计理念，客厅和餐厅连成一线，空间结构简洁有序，达到了机能与动线的平衡，最大限度地体现了质朴从容的美式生活。

美式壁炉电视墙的运用

客厅电视墙设计了美式电子壁炉，搭配纯铜的圆形经典吊灯，设计师在传统与现代之间自由发挥。壁炉边的格子棉麻老虎椅搭配白色的纱帘，空间氛围休闲舒适。

老虎椅
美式布艺老虎椅单人沙发，纯实木框架，高弹力海绵，麻棉布艺，舒适休闲。
材质：棉麻
价格：1600 ~ 1800 元

壁炉
嵌入式 LED 仿真火焰电壁炉暖风，装饰炉芯，无外边框，可以定做尺寸。
材质：铁
价格：2500 ~ 3600 元

黑白搭配的时尚餐厅

餐厅是经典的黑白配，和厨房一门之隔；深色的美式实木餐桌椅自由随性、简约怀旧，搭配精心挑选的美式挂画和三头纯铜吊灯，将美式风格演绎得淋漓尽致。

吊灯
美式纯铜三头餐厅吊灯，造型简约，布艺灯罩，自然百搭，清新典雅。
材质：铜、布
价格：700 ~ 1200 元

餐桌椅
美式实木餐桌椅组合，实木纹理，彰显大气典雅的用餐环境。
材质：实木
价格：2500 ~ 3800 元

餐厅与客厅在同一个空间，中间以沙发靠背和餐边柜来进行软性区隔，这样的设计不仅使整个空间宽敞明亮，也让其看起来更加大气。

地板
复古强化木地板，纹理清晰，古朴时尚，耐磨轻奢。
材质：木
价格：300 ~ 350 元 / 平方米

艺术挂画、床头花瓶斜伸出的紫玉兰与花艺床品相呼应，来彰显空间知性从容的格调。

浪漫热情的主卧空间

卧室空间比较大，以白色为主，经过精心设计的石膏线背景墙，布局对称，搭配深色高背双人实木床，再现美式空间的经典美感。色彩绚丽的床品和窗帘，热情洋溢，散发出浪漫与自然的气息。

红色窗帘点缀的儿童房

儿童房以明亮活泼的风格为主，墙面是有趣的卡通壁纸，窗帘设计成红色，搭配红色的书椅，空间充满青春活力；用色彩来表现孩子的天性，刷新着孩童对世界的认知。

窗帘
美式红白细格子罗马帘，可升降，美观实用，成为空间的色彩点缀。
材质：棉麻
价格：80 ~ 100 元 / 米

床
美式简约实木双人床，传统美式经典造型，简约舒适。
材质：木
价格：1500 ~ 2800 元

靠窗的书桌处阳光充沛，是属于一个人的私密空间，为孩子营造更加安静的学习氛围。

干净整洁的卫生间

卫生间的设计以浅色为主，给人一种干净整洁的感觉。没有华丽的装饰，用不同色调的瓷砖来点缀。洁白的墙面、暖色的台面、黑色的地砖，让卫生间更具层次感。

1 防水铝扣板
2 墙砖
3 石英石台面
4 地砖

臻显轻奢品质的蓝灰美式三居室

宁静之海

本案例的男主人是一位资深川剧表演艺术家，女主人是全职太太，他们的女儿也是从事川剧表演的专业演员，他们对家的终极想象是要有宁静的氛围。为此，设计师选用了业主非常喜欢的两种蓝色作为基底色，客厅的水洗蓝和卧室的静谧蓝共同营造了一个宁静雅致的家。家具与其他软装围绕着蓝色进行搭配，同时大胆加入了金色作为点缀，提升整个空间的精致度。

房屋面积：110 平方米
主设计师：宋夏
设计单位：成都清羽设计有限公司
软装设计：成都清羽设计有限公司
项目主材：实木地板、六角瓷砖、彩色乳胶漆、强化木地板、仿古地砖、石膏线、大理石台面、地铁砖、榻榻米

平面图

平面图分析

本案例空间格局是三室两厅一厨两卫一阳台。户型方正，各项功能配置齐全。进门是简单的鞋柜玄关，餐厅与厨房一墙之隔，客厅、餐厅在同一空间，动线合理；主卧面积不大，但配备有独立卫生间。次卧阔景大窗提供了充足的阳光。榻榻米书房兼做客卧，开辟了更多实用空间。110 平方米的室内空间，利用率极高。

电视背景墙采用天然大理石材质，搭配旁边一株高大的绿植，为客厅注入了自然清新的活力。

茶几
美式不锈钢实木茶几，金色支架、实木台面，其独特的材质和造型，点亮了客厅空间。
材质：不锈钢、木
价格：1800 ~ 2600 元

以水洗蓝为主色调的客厅

由于房子在二层，采光不好，所以设计师大面积使用了浅色，搭配金色边框，提升了空间的品质。沙发背景墙上的蓝色抽象画搭配布艺沙发上的抱枕，带给空间更丰富的视觉层次，尽显高贵和雅致。

1 白色乳胶漆
2 大理石瓷砖
3 彩色乳胶漆
4 仿古地砖

独具轻奢品质的客厅、餐厅空间

客厅、餐厅总体使用了水洗蓝色调，金属质感的饰品点缀其间，金色和水洗蓝在整个空间融合得恰到好处；同时使用浅灰色布艺沙发带来美式的慵懒风，贵气又不失自在，臻显轻奢品质。

L 形卡座搭配的美式餐厅

餐厅设计了 L 形卡座，让不大的空间更显美观。和客厅同色系的淡蓝色墙面，搭配石膏线造型和灰色实木边框，营造了一处简约温馨的用餐环境。清新的白玫瑰、复古的烛台、精致的餐具，无一不彰显主人对生活品质的追求。

烛台
美式黄铜蜡烛台餐桌摆件，纯手工制作，做工细致，充满艺术气息。
材质：铜
价格：300 ~ 350 元

轻奢精致的主卧空间

主卧床头背景墙使用了静谧蓝，背景墙上的金色壁挂提亮了整个卧室的色彩。浅灰色的嵌入式衣柜和飘窗柜的设计，最大限度地增加了卧室的收纳空间。阔大的窗户把外面的景色引入室内，更显自然雅致。

壁饰
金属铁艺壁饰，桃心金秋落叶的造型，精致时尚，使整个卧室散发出理性的优雅。
材质：铁
价格：800 ~ 1000 元

次卧延续静谧蓝背景墙

次卧延续了主卧的静谧蓝，床头柜上的两幅白色的马装饰画对称布置，浅灰色的嵌入式衣柜和入户门相呼应。背景墙、床品、衣柜色系统一，沉稳的色彩搭配提升了空间的整体品位。

灰色系的榻榻米卧室

榻榻米是时下比较流行的设计，既可以当作床，又有强大的收纳功能。靠窗的榻榻米床与书桌、书柜色调统一，整体感强。敞开式的书架搭配边上的玻璃开门书柜，展现出美式特有的优雅格调。

雅致大气的厨房空间

厨房呈 U 形布局，空间得到最大化利用；灰色系的橱柜与整个居室的色调融为一体，到顶的吊柜增加了收纳空间，并且使厨房避免了卫生死角。地面复古的木纹砖鱼骨状拼贴，整体过渡自然，令人在厨房身心愉悦。

1 防水乳胶漆
2 瓷砖
3 大理石台面
4 复古木纹砖

开放式生活阳台弥补格局的不足

原始格局中没有生活阳台，因此设计师在入户区搭建出一个洗衣晾晒区，并配有洗衣台和到顶的备用鞋柜，补充了足够的收纳空间。

以灰色为主色调的卫生间

卫生间主体色为灰色，六角形的多色地面砖为浴室增添了一份神秘感，封闭式的深灰色洗手台衬托出浴室的典雅大方，浅蓝色的防水漆勾勒出空间层次。

5 防水铝扣板
6 钢化玻璃
7 防水乳胶漆
8 六角地砖

清新自然的美式两居室

自然而然

本案例的业主十分懂得生活，关于房子的装修风格夫妻两人已经做了不少功课，女主人之前喜欢无印良品风格，设计师与之几番沟通，一起逛建材市场，最终将风格定位为美式休闲风格。设计师采取化繁为简的方式，抛弃美式传统繁复的语言，软装上现代与美式的混搭勾勒出温馨明快的画面。懂得慢下来，才会发现生活的美。

房屋面积：90 平方米
主设计师：秦江飞
设计单位：南京北岩设计
软装设计：南京北岩设计
项目主材：实木地板、彩色乳胶漆、仿地板瓷砖、防水石膏板、钢化玻璃、白色小方砖

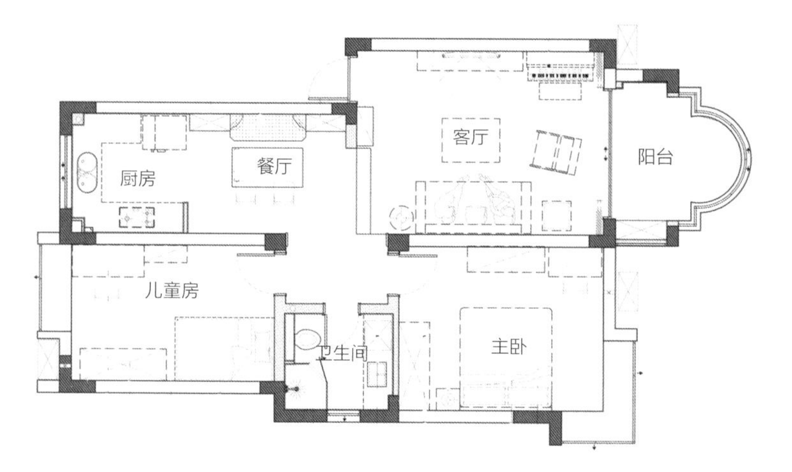

平面图

平面图分析

本案例空间格局是两室两厅一厨一卫一阳台。房屋原始结构功能划分清晰，未做大的结构调整。本户型的亮点是客厅外的弧形阳台，视野开阔。厨房呈敞开式，与餐厅相连，动线合理；主卧朝阳，设计有飘窗；儿童房小巧精致，功能齐全；卫生间墙体微调，简单做了干湿分离。整个空间布局合理。

淡蓝色的素雅美式客厅

客厅以淡蓝色为主，素雅恬静，呼应了素色布艺沙发的静谧。而灰蓝色实木茶几、电视机柜等将美式风情的特质凸显出来。雅致的空间里，湖蓝色的窗帘搭配沙发抱枕，材质和色彩拿捏得刚刚好，配上各种精致的软装工艺品，使整个空间尽显高贵和典雅。

吊灯
美式纯铜客厅灯，米色布艺灯罩搭配纯铜底座，简约而不失优雅，别有一番美式风情。
材质：铜
价格：1200 ~ 1900 元

落地灯
美式纯铜落地台灯，在这个空间起到调节氛围的作用，让客厅更显优雅温馨。
材质：铜
价格：700 ~ 1500 元

谁说电视背景墙上一定要摆放电视机，才能增进家庭成员间的互动呢？在电视柜上摆上充满艺术气息的装饰画和工艺品，空间即刻与众不同。窗外阳光洒进，清新优雅之感悄然升温。

暗藏小心思的客厅、餐厅

原始客厅、餐厅为错层形式，生动有趣，设计师利用两个空间的高低差，设计矮位腰线将墙体分段，增加空间视觉层次。空间中的一个复古矮柜精致美观。别致的挂画、充满质感的灯饰，用简美来诉说主人对生活的美好追求。

美式边柜
美式做旧实木储物柜，三斗九抽屉，简美风尚，彰显复古情怀。
材质：木
价格：1000 ~ 1800 元

收纳篮
草藤编织的收纳篮，纯手工制作，体现精致自然的生活态度，用作花盆创意满满。
材质：藤
价格：150 ~ 260 元

壁挂
美式装饰镜，金属质感的壁挂饰品与餐桌上方的圆形吊灯相呼应，营造出浓浓的艺术氛围。
材质：铜
价格：480 ~ 550 元

拥有多功能卡座的餐厅

餐厅小巧而精致，追求功能和形式的完美统一。客厅的淡蓝色延伸至此，赋予空间平衡之美，使整个空间看起来简而不凡。餐厅的卡座特别实用，最大限度地节约了空间，同时结合餐边柜，打造出一个集读书、展示、储物于一体的多功能空间。

富有仪式感的主卧空间

主卧也延续了客厅淡蓝色的色调，实木深色大床为卧室增添了一丝高雅的气息，橘黄色的床品很好地调和了卧室中的冷色调，带给人温馨之感。因为业主喜欢去海边度假，设计师特意在飘窗处使用了海蓝色的飘窗垫，在家也可以有海边休闲的感觉。

台灯
迷你小台灯，手工吹制玻璃球、圆柱形金属灯座，别致可爱。
材质：玻璃、铜
价格：200 ~ 350 元

床头一角，金色的小台灯搭配床头金色抽象线条装饰画，精致了整个主卧空间。

书架
靠墙的五层梯形创意书架，造型古朴，追求一种简单、踏实的生活质感。
材质：木
价格：600 ~ 1080 元

充满童趣的儿童房

儿童房青翠的苹果绿符合孩子活泼开朗的天性；装修之前业主和女儿进行了一次深入沟通，女儿说讨厌卧室的卡通吸顶灯很久了。在充分尊重孩子需求的基础上，设计师选择了简约的球形吊灯。

儿童房光线最好的区域是简易的飘窗和学习桌，孩子可以在这里安心学习、阅读。

巧用仿地板瓷砖的厨房

厨房选用白色实木整体橱柜搭配黑色的台面，干净利落；墙砖是 10 厘米 ×10 厘米的白色小方砖，黑色美缝，在视觉上增强了厨房的空间感；地面的仿地板瓷砖彰显了美式风格。

“五脏俱全”的迷你卫生间

卫生间干湿分离，布局紧凑，兼具洗衣功能；大台盆柜实用大气；整面的浴室镜设计无形中扩大了空间，镜中设计有隐形灯带，高档时尚。小小的空间，每一件物品都悠然自得地静处其中。

1 防水石膏板
2 石英石台面
3 仿地板瓷砖
4 防水石膏板
5 石英石台面
6 钢化玻璃

一体式设计的台面，一方面使得小空间看起来更加规整，另一方面也提供更多的台面空间。

86 平方米的美式现代设计

希希岛

本案例的女主人在不到八年的时间内装修了三套房子，拥有丰富的装修经验，同时也是一位家庭聚会的爱好者，平时喜欢呼朋唤友，在家里举办各种聚会。美式风格崇尚自由，讲究不经意的修饰与点缀所营造的休闲与浪漫，因此设计师放弃了立面造型、装饰石膏线、美式壁炉等传统美式元素，让一切恢复到最简单、最直接的模样，用色彩、陈设以及灯光来打造主人梦想中的房子。

房屋面积：86 平方米
主设计师：宋夏
设计单位：成都清羽设计有限公司
软装设计：成都清羽设计有限公司
项目主材：实木地板、仿实木瓷砖、彩色乳胶漆、地铁砖、马赛克瓷砖、防水乳胶漆、榻榻米、木门

平面图

平面图分析

本案例空间格局是三室两厅一厨两卫一阳台。户型紧凑，动静分明。入户设计了到顶鞋柜，形成独立玄关；餐厅和厨房既相互联系又有明显分区；客厅与休闲阳台相连，保证了采光。主卧配有独立卫生间和小型衣帽间，功能性强；儿童房面积较小；榻榻米书房也可作为客房。整个户型空间利用率极高。

吊灯
美式全铜吊灯，采用圆形灯柱体与直杆灯杆相结合的设计，造型简约独特，经久耐用。
材质：铜
价格：960 ~ 1360 元

电视机柜
美式实木电视机柜，实木纹理，半开放油漆工艺，给整个客厅带来美好的美式情怀。
材质：木
价格：2300 ~ 2800 元

用蓝色打造美式简约客厅

客厅、餐厅空间一体，以蓝色为主色调，呈现出清爽雅致的视觉效果。整个空间没有做过多的造型，利用后期软装来营造效果。客厅放弃了摆放电视机的传统，随意放置了一幅装饰画，更显别致。

沙发背景装饰画的运用

素色的美式布艺沙发搭配花色抱枕和挂画，简单的造型体现出温馨的感觉。沙发背景墙上的抽象几何图案装饰画配上金属色的边框，室内的时尚感得以提升。软装从细节上提升整体空间的品位，为客厅增加了更多的摩登元素。

挂钟
美式复古挂钟，经典罗马数字款，刻意做旧金属边框，让家充满创意。
材质：铁
价格：120 ~ 180 元

金属边框的装饰画搭配纯铜材质的落地台灯，金属质感和金色元素让整个空间拥有了时尚感。

原始户型中厨房和餐厅间的门洞有两米宽，设计师封住一半，做成嵌入式餐边柜，充分利用和美化了空间。

拥有派对感的餐厅

精致的摆件和餐具是家庭聚会爱好者的最爱。深色的实木餐桌搭配线条利落的餐椅，彰显出简约与质感。餐桌上各种工艺品的点缀提升了餐厅的格调与优雅气质。头顶的三头吊灯复古又时尚。

无缝衔接的嵌入式大衣柜可以保证卧室拥有足够的储物空间。

台灯
美式简约贝壳床头台灯，品质与艺术感同在，是卧室安静的守护神。
材质：布、贝壳
价格：180 ~ 240 元

无主灯照明的温馨主卧

主卧采用的是无主灯的设计，主要光源是台灯和灯槽。床边到顶的开门衣柜，美观实用。装饰画、花瓶、蓝色几何图案的床品，后期软装上的搭配使整个空间更显温馨。卧室一角的飘窗搭配纯色的窗帘，成为放飞心情的最佳场所。

温馨舒适的儿童房

儿童房采用常规布局，配色上选用浅豆沙绿搭配白色，柔化了空间，让小主人能够拥有静谧香甜的睡眠氛围。床头鸡蛋元素的装饰画意义深远，有破壳而出、破茧成蝶的美好寓意。

抱枕
恐龙公仔布艺抱枕，是可爱与时尚的结合体，活跃了卧室空间。
材质：布
价格：80 ~ 150 元

多功能的榻榻米书房

榻榻米书房亦可做临时的客卧，原木书架隔板、挑空书桌、别致的台灯，用简约美式来诉说主人对生活的美好需求。

椅子
美式实木升降办公椅，可 360° 旋转，造型稳重，坐感舒适。
材质：木
价格：800 ~ 1080 元

黑白搭配的精致厨房

厨房呈一字形，采用经典的黑白配，整体层次感鲜明，视觉上也更显干净通透。白色的地铁砖上挂着黑色的置物架，有效地利用了墙面进行装饰和收纳。

1 白色乳胶漆
2 白色地铁砖
3 仿实木地砖
4 防水乳胶漆
5 防水乳胶漆
6 马赛克瓷砖
7 钢化玻璃
8 瓷砖

半砖半漆的卫浴空间

主卫采用了欧美时下非常流行的半砖半漆设计，上半截使用的是彩色防水乳胶漆，下半截是常规的复古瓷砖。而公卫淋浴房由半墙马赛克瓷砖拼贴而成，极具设计感。两个卫生间干净整洁，各具特色。

80 平方米的美式小清新雅居

90 后女孩的梦想家

本案例业主是一位 90 后单身女孩，她独立、阳光、画着淡淡的妆，给人的第一印象是简单而又有想法。她对家的要求是温馨、宽敞，带一点女孩天生的幻想和浪漫；但对厨房的需求并不大。她特别想要一个独立的衣帽间，好装得下四季漂亮的衣衫。因为是一个人住，所以空间不能太冰冷，要有足够的温度，才能盛得下每一个慵懒的午后。

房屋面积：80 平方米
主设计师：吉友洪
设计单位：无锡吉友洪设计工作室
软装设计：无锡吉友洪设计工作室
项目主材：实木地板、彩色仿古砖、彩色乳胶漆、谷仓门、石膏线、钢化玻璃

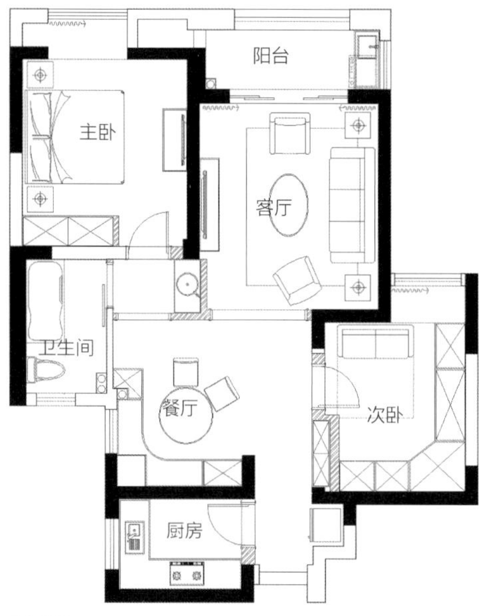

平面图

平面图分析

本案例空间格局是两室两厅一厨一卫一阳台。进门左手边是厨房，右手边是多功能的次卧兼衣帽间。公共区域呈开放格局，餐厅、客厅连成一个整体，空间通透，采光良好。朝南主卧功能齐全，带有采光飘窗。卫生间干湿分离，整个空间利用率高。

电视机柜
美式实木电视机柜，优雅而迷人的双色，带来浓郁的美式乡村气息，把家装饰得温馨而浪漫。
材质：木
价格：1200 ~ 2400 元

蓝色三联装饰画、铁艺吊灯、彩色抱枕等软装饰品，使客厅空间饱满且富有情趣。

浪漫时尚的淡蓝色客厅

客厅以淡蓝色为主，仿佛置身于大海之中，带给人度假般的休闲感。淡蓝色的墙面，电视墙白色线条设计得清爽十足。米黄色带角花地砖的斜拼铺设，在视觉上扩展了空间。整个客厅从顶面到地面，颜色由浅入深，层次递进关系明确。

美式沙发背景墙的运用

沙发背景墙上的蓝色三联装饰画延续了美式风格的时尚气息，淡蓝色的墙面，搭配柔软的布艺沙发，配上各种色彩活泼的抱枕，自有一番小资的精致。

花瓶
美式小清新透明玻璃花瓶，时尚百搭，通透别致。
材质：玻璃
价格：80 ~ 150 元

抱枕
彩色动物抱枕，活泼浪漫，体现了业主对小动物的爱心。
材质：棉麻
价格：40 ~ 50 元

空间中的局部亮点

入口处绿色谷仓门的设计增加了空间的趣味性，从这个位置（玄关）可以看到室内的每一个角落，80 平方米的小房子似乎拥有 100 平方米的开敞感。

谷仓门
清新的绿色环保谷仓门，既实用，又极具装饰之美，与餐桌颜色呼应。
材质：木
价格：1000 ~ 2000 元

条案
蓝色实木玄关条案，复古美观，搭配黄色的花瓶摆件，增加小空间的饱满感。
材质：木
价格：1000 ~ 1500 元

复古简约的美式餐厅

餐厅设计为转角卡座加储物柜形式，空间更加宽敞实用。复古花鸟装饰画、照片墙饰、铁艺玻璃吊灯等仿古摆设，处处充盈闲情逸致。

吊灯
美式长方形玻璃餐厅吊灯，黑色铁艺烤漆灯体、透光玻璃灯罩，简单而不乏味。
材质：玻璃、铁
价格：600 ~ 1000 元

壁饰
陶瓷花立体创意墙饰，创意墙花色彩柔美，让人享受温馨的居室。
材质：陶瓷
价格：22 ~ 30 元 / 个

浪漫精致的女孩卧室

卧室面积并不大，设计师用浅色提亮空间，淡蓝色的墙面与白色的床品以及米色的窗帘搭配，让卧室更加温馨。一侧的飘窗将自然光线带入室内，飘窗内嵌隔板，上面可以放一些书籍和装饰品，功能性极强。

储物空间丰富的衣帽间

根据业主的需求，设计师将次卧设计成一个独立的衣帽间。白色的到顶衣柜、复古的白色梳妆台，满足了业主的爱美之心。

梳妆台
美式简约实木复古梳妆台，实木柱脚，曲线优美，散发浓浓的美式风情，彰显优雅舒适。
材质：木
价格：1500 ~ 1800 元

巧用复古彩砖装点的厨房

L 形的厨房简洁实用，墙面瓷砖采用菱形倒角铺贴手法，轻松活泼，既提亮了空间，也让空间更有律动感，做饭时也能拥有好心情。

1 防水铝扣板
2 白色模压橱柜
3 大理石台面
4 彩色复古砖

白色与米色搭配的卫生间

卫生间在原始基础上占用了一点公共面积，业主浴缸加淋浴房的梦想得以实现。米色的墙面砖搭配纯白色的浴室柜，调和了白色的冷硬和单调。

5 防水铝扣板
6 钢化玻璃
7 米色仿古砖

95 平方米的简美三居室

金雀俏枝头

本案例的业主是一对对生活很有追求的新婚夫妻，他们觉得家不需要太严肃，希望回家以后可以肆意放松，甚至是带一点儿幽默。整个空间在颜色的使用上，结合房屋本身的朝向及业主喜好，设计师选择舒压的蓝灰色系，塑造一种舒适随意的生活氛围，悠闲但不懈怠，回家便有温馨愉悦的居家感。

房屋面积：95 平方米
主设计师：石峰
设计单位：武汉 ID 设计工作室
软装设计：武汉 ID 设计工作室
项目主材：实木地板、彩色乳胶漆、彩色仿古地砖、壁纸、石膏线、防水铝扣板、白色玻璃移门

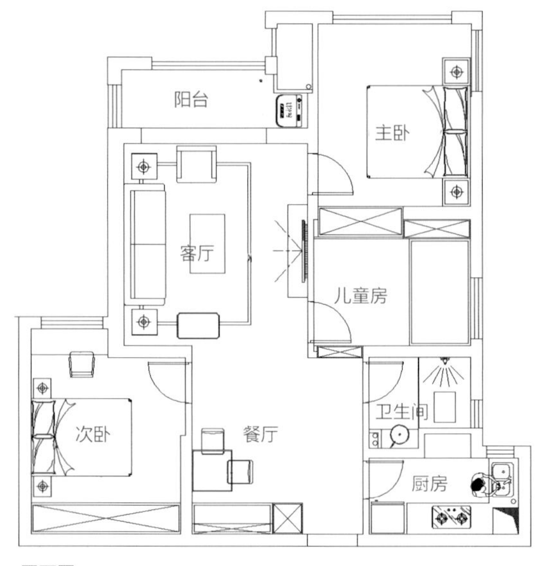

平面图

平面图分析

本案例空间格局为三室两厅一卫一厨一阳台，户型方正大气，结构十分紧凑，充分利用了室内空间。餐厅与厨房相邻；阳台融入客厅，增加了客厅的采光度；主卧整面的落地窗，将屋外的景色引入室内；儿童房布置为靠窗榻榻米。整个户型充满设计感和实用性。

电视背景墙上亦真亦假的隐形门

因结构的限制，两个卧室门都开在了电视背景墙上，两个门亦真亦假，完美地融入了墙面。中间的小碎花墙纸，让电视背景墙看起来简洁有序、自然美观。

电视机柜
美式彩色电视机柜，造型简洁、色彩大胆复古，营造出优雅大气的空间。
材质：木
价格：1800 ~ 2800 元

地板
实木拼接地板，无缝拼接，清新环保，延伸了视觉空间。
材质：木
价格：200 ~ 350 元 / 平方米

巧用石膏线打造美式背景墙

浅蓝色墙面纯粹朴素，搭配上白色石膏线和两幅小鸟挂画，平添了几丝趣味，也契合了“金雀俏枝头”的主题。米白色的布艺沙发低调稳重，彩色的几何抱枕点缀其中，温馨别致；亮黄色的抱枕和边上的茶几，让人眼前一亮。

过道、玄关的设计说明

玄关打造了一个嵌入式白色整体壁柜，上部区域做成弧形，设计成三格敞开式隔层柜，用以展示工艺品或存放酒品；下部区域做了一排开门柜，用以储物，空间虽小却丝毫不显拥挤杂乱。

边柜
美式复古边柜，仿古做旧工艺，精美的艺术彩绘搭配古朴的色彩，美观又实用。
材质：木
价格：900 ~ 1800 元

过道一边的美式玄关柜与客厅的茶几和电视机柜款式相同，复古的造型、大胆的配色，很容易成为视觉的焦点。

储物柜和卡座一体式的餐厅

在小户型中，卡座式餐厅是最节省空间的，而且非常实用。设计师将储物柜巧妙地融入卡座空间里，形成一体式设计，既节约空间，又美观大方。贴上浅色小碎花壁纸，别有一番美式乡村风情。

椅子
美式老式铁质椅子，造型复古，经得起岁月的洗礼。
材质：铁
价格：300 ~ 350 元

蓝色系的简约美式主卧

主卧布局简单，一切以舒适、自在为前提。空间以白色和蓝色为主色调，弧形的床头背景墙搭配条纹壁纸和纯白色的美式家具，让人丝毫不觉得眼花缭乱，反而有置身海边的感觉，轻松之感油然而生。

整面的落地窗给卧室带来了良好的采光，拉开窗帘，户外的自然景象即可跃入眼前。

单身贵族的多功能美居

第 36 个故事

本案例的业主目前是单身，对空间的需求是：需要一个主卧、一个备用房间和一个敞开式的书房。原始户型是一个标准的两居室，但有两个阳台，于是设计师舍弃次卧的阳台，以扩大次卧空间；同时，在餐厅对面打造一块区域作为书房。整个空间的迷人之处在于造型简单明快，色调上选用了低调的浅咖啡色，增强居室的时尚感。

房屋面积：88 平方米
主设计师：莫春蕾
设计单位：常州鸿鹄设计
软装设计：常州鸿鹄设计
项目主材：实木地板、彩色乳胶漆、实木家具、花色地砖、石膏线、壁纸、实木护墙板

平面图

平面图分析

本案例空间格局是三室两厅一厨一卫一阳台。户型方正，动静分明。进门就是客厅，客厅外接生活阳台，敞亮通透；厨房、餐厅相连，公共区域动线合理；餐厅对面是开放式书房；两间卧室均朝阳，落地窗的设计让卧室拥有良好的通风和采光；卫生间干湿分离，方便生活。

淡咖啡色系的简约美式客厅

花瓶
不规则陶瓷花瓶，造型别致，给家增添了几分精致和优雅。
材质：陶瓷
价格：100 ~ 120 元

沙发
美式布艺三人位沙发，米黄色系的沙发简约时尚，让人感受轻松的美式气息。
材质：布、海绵
价格：2000 ~ 3200 元

考虑到客厅不是很大，设计师将阳台纳入室内以增强视觉效果。客厅以淡咖啡色系作为墙面主色，柔软的米白色沙发、圆角优美的茶几与白色的电视机柜几乎不占据视觉空间；一帘蓝白色落地窗帘，恰好润泽了视觉的饱满度。

从客厅可以看到餐厅和厨房，餐厅比较小，加之业主对于餐厅的需求不大，所以设计师在餐厅和书房之间设计了一个半高隔断墙，既增加了空间感，也使整个空间的氛围更加温馨。

台灯
美式鸟笼装饰台灯，铁艺灯体、布衣灯罩，一盏灯点亮一个美式客厅空间。
材质：铁、布
价格：200 ~ 250 元

沙发背景墙边的圆弧形门洞

美式风格中少不了弧度的造型处理，设计师在沙发背景墙旁做了局部的造型。圆弧形的设计方式在室内环境中力求表现出悠闲、自然的生活情趣。

小巧实用的敞开式书房

书房和餐厅采用半墙隔断进行区隔，保证了书房拥有足够的采光；书房是业主要求的敞开式设计，造型简约，拐角书桌搭配墙上置物架，简单实用。

圆弧形门洞搭配旁边的半圆门洞，典雅协调，再加上地面的复古砖，散发出美式典雅的气息。

1 白色乳胶漆
2 彩色乳胶漆
3 复古地砖
4 实木地板

主卧呈现美式乡村感

主卧作为私密的休息空间，舒适性才是首先要考虑的事情。对于这个空间设计师想要表达的是静谧中绽放的清雅气质，床品上游走的优雅、纤维中暗藏的美学、神秘中蕴含的神韵，从看似简约却又精细的针线中表达出来。

喜鹊纹样床品是卧室的亮点，色彩跳跃的同时，不破坏整个空间安静的氛围。

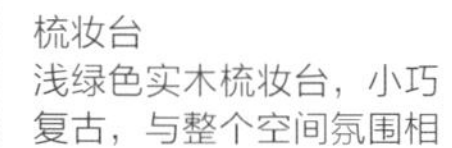

梳妆台
浅绿色实木梳妆台，小巧复古，与整个空间氛围相匹配。
材质：木
价格：1200 ~ 1800 元

红色的台灯远远超越了台灯本身的价值，已然变成了一个不可多得的艺术品。一抹红色在整个空间中格外突出。

墙纸
海洋风无纺布壁纸，卡通图案，给孩子一个自由想象的空间。
材质：无纺布
价格：30 ~ 50 元 / 平方米

充满活力的次卧空间

次卧以蓝色、红色为主色调，空间的迷人之处在于造型简洁明快，营造清爽与活力的感觉，配套的家具、床品、窗帘、台灯等软装饰品均围绕这一主题展开，让身在其中的人得以释放压力。

简约温馨的现代美式小宅

费城印象

本案例设计手法简约，将浪漫的怀旧气息与美式风格完美结合，杏黄色系充盈整个空间，色彩明亮舒适。设计师在不做过多复杂饰面造型的情况下，采取了多种壁饰搭配的做法，凸显出美式的饱满感。软硬装张弛有度，营造出舒适温馨的美式家居氛围。

房屋面积：100 平方米
主设计师：李凯
设计单位：天津深白室内设计工作室
软装设计：天津深白室内设计工作室
项目主材：实木地板、彩色乳胶漆、仿古地砖、石膏线、壁纸、彩色防水漆、实木橱柜

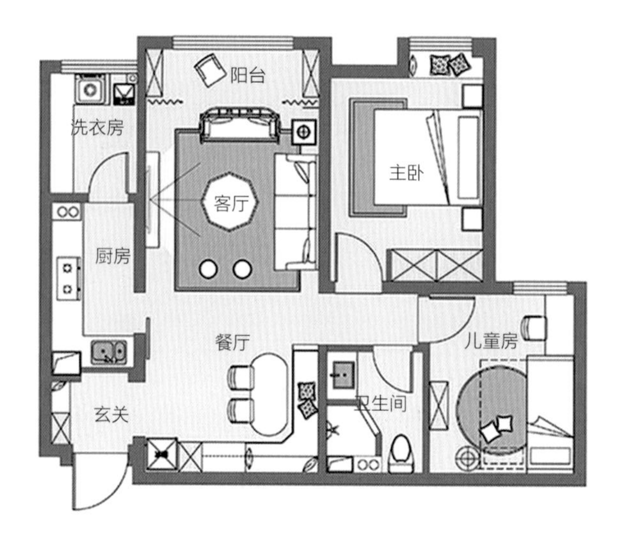

平面图

平面图分析

本案例空间格局是两室两厅一厨一卫一阳台。进门设置了独立玄关，公共区域采用开放式布局，客厅、餐厅连成一个空间。餐厅设计为拐角卡座，储物功能强大。L 形厨房连通南面的洗衣阳台。主卧自带飘窗，功能齐全。儿童房小巧而精致。整个户型方正，空间利用率高。

落地花瓶
美式复古单耳落地花瓶，搭配上亮黄色的跳舞兰，点亮生活中的美好。
材质：陶瓷
价格：220 ~ 320 元

客厅与餐厅在同一个空间，扩展了视觉的尺度与空间容积，地面和墙面采用相同的材质和颜色，但通过不同的软装壁饰，使原本单一的空间变得丰富起来。

和谐舒适的杏黄色客厅

客厅墙面仅用杏黄色乳胶漆和白色石膏线来做搭配，整个空间和谐舒适。柔软的米色沙发、复古罗马柱款茶几等浅色家具几乎不占据视觉空间，落地复古花瓶、复古相框等摆件适当嵌入空间，恰好润泽了视觉饱满度。

电视机柜
美式复古橡木玻璃电视机柜，优选橡木主材、铁艺天地锁，可使业主感受自然的生活。
材质：橡木
价格：2600 ~ 3200 元

装饰画
美式树叶装饰画，将自然引入室内，使人陶醉于美妙的美式生活。
材质：木
价格：340 ~ 480 元 / 幅

茶几
美式罗马柱复古茶几，采用做旧工艺，尽显经典、怀旧之美。
材质：木
价格：1600 ~ 2200 元

美式沙发背景墙的运用说明

客厅沙发背景墙选择石膏线做造型，融入美式元素线条，并注入对称的美感。杏黄色的墙面与美式布艺沙发、窗帘互相衬托，装饰挂画与抱枕拿捏得恰到好处，沉稳又不失清新。

椭圆形的吊顶美观大气，起到凝聚视线的作用，也呼应着椭圆形餐桌，使餐厅更加具有立体感。

照片墙
美式复古照片墙，美观典雅的色彩与复古的质感丰富了墙面空间。
材质：木
价格：220 ~ 260 元

隔而不断的餐厅空间

餐厅与过道之间设计师打造了一堵半墙隔断，既能划分区域，又不影响采光。L 形卡座节省空间，搭配旁边的立体式储物柜，极大地提高了整个餐厅的空间利用率。

吸顶灯
美式纯铜吸顶灯，纯铜底座、玻璃灯罩，营造出温馨舒适的玄关氛围。
材质：铜、玻璃
价格：260 ~ 330 元

小玄关也有大风景

独立玄关的设计增添了入户的仪式感，起到了很好的视觉缓冲作用；地面是简洁拼花图案，搭配顶面的石膏线造型，小玄关也有大风景。进门处的白色玄关柜美观实用，便于业主换鞋和收纳。

黄色为基调的温馨主卧

卧室地面采用实木地板，优雅的黄色是空间的底色，配上同色系的家具，简单干净。有了印花床品的映衬，反而不需要多余的装饰品相配。飘窗也不失为一个惬意之地，摆上几个别致的抱枕，品茶赏景，岂不快哉。

台灯
追光纸星星台灯，原木底座，造型简洁而有个性，体现了儿童房的活泼童趣。
材质：木
价格：100 ~ 180 元

可爱浪漫的儿童房

儿童房延续客厅的配色，墙面是杏粉色波点壁纸，搭配深色实木地板，温馨且富有童趣。两张儿童床满足了孩子不同时期的需求；空间中摆放着小巧的儿童家具和各种毛绒玩具，温馨舒适。

1 防水铝扣板
2 大理石台面
3 实木橱柜
4 仿古地砖

复古砖倒角铺贴的厨房

厨房延续整体设计感，墙面是复古的米色砖菱形倒角铺贴，纹理清晰。经典的美式白色橱柜、白色的格子移门，营造出活泼的氛围，点亮了缤纷的美式空间。

蓝白搭配的简洁卫生间

卫生间的干湿分离采用半墙隔断加浴帘的形式，不破坏空间感，创意十足；白色地铁砖与蓝色的浴室漆相搭配，干净清爽，设计注重空间的实用性和灵活性，小空间可以借鉴。

5 防水铝扣板
6 白色地铁砖
7 蓝色防水漆
8 瓷砖

蓝色系的休闲美式三居室

暗夜星空

本案例将蓝色贯穿整个空间，且运用到了极致；硬装简约轻松，软装通过布艺、花艺、装饰品、灯具、墙饰和装饰画等的专业组合，搭配出一个极具现代感的美式居室。随着时间的推移，一切都按照业主喜欢的模样呈现出来，成为理想中的家。

房屋面积：86 平方米
主设计师：宋夏
设计单位：成都清羽设计有限公司
软装设计：成都清羽设计有限公司
项目主材：实木地板、大理石瓷砖、彩色乳胶漆、马赛克瓷砖、榻榻米、钢化玻璃

平面图

平面图分析

本案例空间格局是三室两厅一厨一卫一阳台。原始户型结构合理，设计师并未做太多改动，进门设计了入户鞋柜，客厅、餐厅在同一空间；餐厅和厨房相邻，厨房外的生活阳台兼具洗衣房的功能；主卧朝阳，拥有良好的采光，并配有全景飘窗；榻榻米书房收纳空间丰富。

用蓝色与金属色打造时尚客厅

客厅墙面使用少许的星空蓝，分色的搭配技巧让整个空间展示出了别样的复古感。客厅又融入了很多金属质感的元素，比如家具、灯饰、挂画等，低调地提升了空间的格调。

吊灯
美式全铜八头客厅吊灯，整体造型古雅别致，美式空间照明必备款式。
材质：铜
价格：800 ~ 1200 元

软装搭配提升居家品质

客厅素色的布艺沙发搭配水洗蓝墙面和亮色的抱枕，活跃了空间氛围。精致的灯饰、摆件和花瓶等软装搭配都是设计师精心挑选的，从细节上提高了居家品质。

吊顶的一圈刷上深蓝色乳胶漆，强化了整个顶面的轮廓和质感。这些小细节无不体现着设计者的巧思。

在两个房间的连接处设计师打造了一面装饰画背景墙，让整个空间显得更加饱满，搭配旁边的蓝色布艺单椅沙发，自成一派小景。

客厅和餐厅中间漂亮的餐边柜，搭配其上的各种摆件、饰品，软性分隔了空间，又不破坏整体感。

花瓶
美式磨砂玻璃花瓶，透明磨砂、手工吹制，低调有时候也是一种优雅的生活态度。
材质：玻璃
价格：180 ~ 260 元

烛台
美式全铜烛台摆件，简约的造型、全铜的材质，展现低奢品质。
材质：铜
价格：200 ~ 250 元 / 个

弥漫海洋气息的餐厅

餐厅位于厨房与客厅中间，同样以星空蓝为主；由于餐厅采光不足，在搭配上使用浅色系餐具及少量金色，点亮了整个空间。墙面上的蓝色装饰画，让餐厅散发出海洋般的气息。

巧用星空蓝背景墙营造复古感

卧室床头使用了大面积的星空蓝，大胆的配色营造出别样的复古时尚。深色的美式家具和灰色调床品，给人一种沉静的感觉。床头造型简单的台灯晚上会散发出明亮的光，为这间深沉的卧室注入一分暖意。

装饰画
美式现代魅马床头画，使卧室充满时尚感，无形中成为空间的亮点。
材质：金属
价格：120 ~ 145 元 / 幅

储物空间丰富的榻榻米空间

榻榻米书房在满足收纳功能的同时，又可以当客房使用，功能性十足。窗帘的一抹红色，让人眼前一亮。

次卧将蓝色进行到底

次卧延续主卧的色调，让风格更加统一。在用色上更加大胆，四面墙都采用了星空蓝，黑色实木双人床搭配灰色系的床品，整个卧室空间充满复古之感。

浅色系橱柜、瓷砖扩大空间感

厨房在结构设计上，摒弃了所有不必要的繁复枝节，尽可能地让空间利用更大化。白色实木整体橱柜搭配米白色台面，选择同色系的墙面瓷砖，在视觉上扩大了厨房的空间感，整个空间明亮优雅。

1 防水乳胶漆
2 实木门板
3 石英石台面
4 大理石瓷砖

卫生间拼贴马赛克瓷砖

卫生间与厨房保持同色系，空间虽小，并不显得拥挤。白色的浴室柜搭配米色的瓷砖；马桶背后设计师采用马赛克瓷砖做背景，用以划分不同空间，整个卫浴空间明亮、干爽。

5 防水乳胶漆
6 马赛克瓷砖
7 钢化玻璃
8 大理石瓷砖

高级灰装点的现代美式空间

灰调有暖意的家

本案例整体空间以无视觉负担的浅灰色系为主，通过颜色的填满与串联，营造一个放松身心的所在，这看似不经意的搭配，蕴藏着内敛淡然的美学。设计师在了解客户的基本需求后，对房子内部格局进行改造，在提高空间利用率的前提下，更注重储物空间的合理安排。

房屋面积：90 平方米
主设计师：沈一
设计单位：杭州本空设计
软装设计：杭州本空设计
项目主材：实木地板、彩色乳胶漆、壁纸、复古地砖、石膏线、榻榻米、地毯

平面图

平面图分析

本案例空间格局是三室两厅一厨一卫三阳台，户型方正，南北通透。进门左手边是餐厅，右手边是开放式厨房；客厅连通观景阳台，宽敞明亮；半开放式的书房与客厅半墙之隔；主卧空间较大，阳台处可作为休闲区；儿童房功能齐全，储物空间充足。90 平方米户型空间利用率极高。

摇椅沙发
美式老虎椅沙发，柔软舒适，彰显气度，营造出低调的奢华。
材质：皮
价格：1900 ~ 3500 元

沙发
美式客厅三人位布艺沙发，采用柔软的天然棉布，透气舒适，低调优雅。
材质：棉
价格：3000 ~ 3800 元

高级灰装点的现代美式客厅

高级灰是现代装饰中表现质感的最佳色系，客厅空间以浅灰色为主色调，沉稳大气；搭配深色系的实木茶几、电视机柜和边柜，整个空间展现了独特的理性与优雅。明黄色抱枕和几何形地毯提高了整个空间的亮度，调和了低纯度的暗色空间。

明黄色抱枕、纯铜落地台灯搭配背后的抽象装饰画，软装配饰成了柔美氛围的调和者，打造出精致又优雅的美式空间。

客厅与书房之间的吧台隔断

半墙隔断，空间的优化师，不占据视觉空间。

客厅沙发后面是书房，为了增加客厅和书房的通透性，设计师在中间打造了一个吧台隔断，营造“隔而不断”的视觉效果。两个空间相互借光，室内更显明亮。

舒适开放的多功能书房

书房是开放式的，空间更显通透，而且互动性也更强，在后期软装搭配上，运用几何图案的抱枕、造型夸张的地毯、金属色的圆凳等丰富视觉层次。此外，书房的储物功能也非常强大，榻榻米、吊柜、边柜等共同打造出立体式的收纳空间。

鼓凳
金色陶瓷鼓凳，手工塑造，精致复古，成为书房的亮点。
材质：陶瓷
价格：300 ~ 350 元

气质沉稳的主卧

设计师利用冷色调来营造卧室静谧、安宁的睡眠环境，深蓝色的背景墙、美式厚重的实木双人床以及深灰色的床品，无一不塑造着卧室沉稳的格调。阳台处的古筝带来独特的艺术气息。

床
美式全实木高背双人床，软包靠背，彰显美式风格的优雅大气。
材质：木、皮
价格：3000 ~ 5800 元

充满活力的儿童房

儿童房帆船图案的床头背景墙迎合孩子活泼好动的天性，并有扬帆远航的美好寓意。房间的陈设简单大气，配上彩色动物图案的床品，让空间多了几分童趣。

摆件
长颈鹿陶瓷摆件，让活泼可爱照进生活。
材质：陶瓷
价格：100 ~ 150 元

阳台另一头是衣柜和书柜，搭配一个蓝色卡通懒人沙发，即可成为一处快乐的阅读角。

简美三居室的华丽与优雅

夏日沁香

本案例是简美风格，用精致空间勾勒出现代美式的优雅从容，充满质感的米色墙面搭配白色石膏线，摒弃了传统美式的沉重呆板，增添了一份灵动与清新。设计师在满足功能需求的基础上，做到最大程度的简单而有品位，并将优雅的古典美与简约的现代感融为一体，展现出独具魅力的华丽感。

房屋面积：124 平方米
主设计师：孙晶晶
设计单位：上海 D6 室内设计
软装设计：上海 D6 室内设计
项目主材：实木地板、彩色乳胶漆、仿古地砖、白色地铁砖、彩色防水漆、黑框玻璃移门、石膏线

平面图

平面图分析

本案例空间格局是三室两厅一厨两卫两阳台。本户型的特点是生活阳台呈三角形布局，双面采光。入户即是餐厅，餐厅紧邻厨房，厨房外的生活阳台放置洗衣设备。将阳台融入客厅，开启阳光生活。朝阳的主卧自带衣帽间和独立卫生间；次卧略带工业风；多功能书房布置略为简单。

台灯
美式葫芦形陶瓷台灯，高透光布艺灯罩，温馨典雅，透露出简约而唯美的自然风情。
材质：陶瓷、布
价格：220 ~ 360 元

鼓凳
美式复古手绘花鸟陶瓷鼓凳，古色古香，点亮了客厅朴素的空间。
材质：陶瓷
价格：200 ~ 320 元

阳台呈三角形布局，双面采光，光线照进室内，一切显得自然又唯美。

雅致的美式沙发背景墙

温软的布艺沙发背后的墙面上搭配同色石膏线，营造出了一个脱俗雅致的美式空间。淡雅的客厅因暖白色沙发和藤编单人靠背椅而显得格外清爽，脚凳与靠垫的中式花鸟元素使本就明媚的空间，多了几分清婉可人。

对称石膏线勾勒出客厅墙面空间

整个客厅以浅色为主，空间感强，设计师没有大面积地运用护墙板和凸出的木饰面做常规的美式设计，而以对称布局的石膏线做简单呈现。深色的实木家具与素雅的布艺沙发互相衬托，让居住者更放松。

吊灯
美式铁艺八头客厅灯，温馨的圆形吊灯摒弃了烦琐和奢华，回归自然的舒适感。
材质：铁
价格：600 ~ 900 元

和谐舒适的美式风格餐厅

客厅与餐厅之间采用开放式设计，设计师通过天花板的造型来区隔这两个空间，深棕色的十字餐椅与厨房的黑色格子移门有了形态上的互动。

餐椅
美式实木十字餐椅，低调内敛的胡桃色，演绎着经典与稳重。
材质：木
价格：2200 ~ 2800 元

巧用米色石膏线做背景墙，营造美式风格空间

主卧空间布局十分简单，一切以舒适为前提。床头背景墙上的石膏线条大气优美，地面铺设实木地板，再搭配深色的实木家具，更显典雅大气；点缀跳色的靠枕让空间跃动起来。

壁灯
美式调光摇臂壁灯，可多角度调光，灵活实用。
材质：铜
价格：160 ~ 280 元

床头黑白经典挂画成为点缀空间的好物件。从挂画、灯饰到摆件，设计师都做到每一处细节的精致处理。

略带工业风的儿童房

儿童房以简洁、轻松为主，没有装饰的床头背景墙上挂着一幅充满童真的装饰画，飘窗一角承担起卧室的收纳角色。空间在处理上实现了睡眠区、收纳区和学习区的有机整合。

床
美式黑色铁架床，炫酷黑色，复古经典，家居达人必备。
材质：铁
价格：1500 ~ 2600 元

海蓝色的休闲度假美居

海蓝之镜

本案例以简洁温馨的美式风格为主，整体以白色为基调，蓝色和木色为配色。每个喜爱自由的人心中对海都有着或多或少的执念，或是海阔天空，或是致远宁静，抑或是惊涛骇浪……业主在设计时把大海的深邃也一并纳入，入住之后，感觉一辈子都不想离开家了。

房屋面积：120 平方米
主设计师：周琴
设计单位：上海八零年代设计事务所
软装设计：上海八零年代设计事务所
项目主材：实木地板、仿古瓷砖、彩色乳胶漆、六角地砖、墙纸 、榻榻米、 石膏线

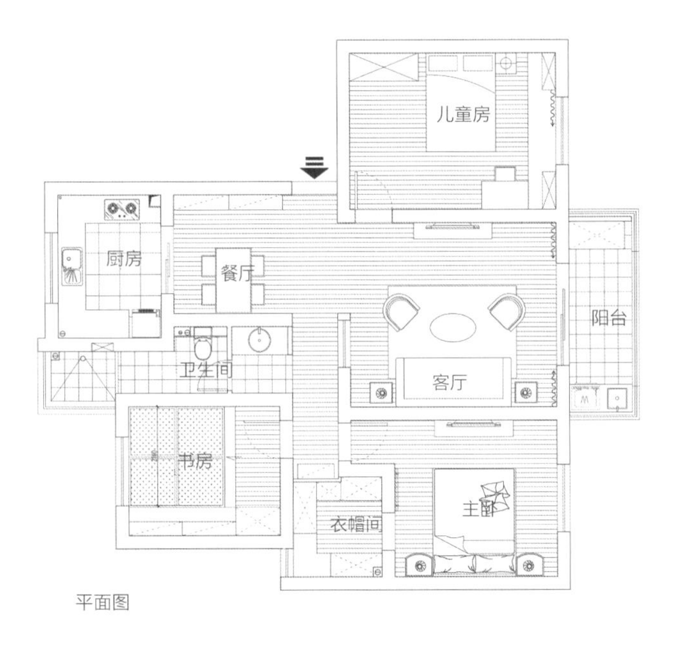

平面图

平面图分析

本案例空间格局是三室两厅一厨一卫一阳台。户型方正，南北通透。进门可以看到客厅，客厅连接宽大的景观阳台；厨房、餐厅相邻，动线合理。主卧和儿童房均朝阳，主卧自带衣帽间，功能齐全；榻榻米书房可提供足够的收纳空间。整个空间布局紧凑合理。

契合海洋主题的宝蓝色皮质沙发，在客厅里格外亮眼。

装饰画
美式三联麋鹿客厅装饰画，专业艺术微喷，丰富墙面空间。
工艺：喷绘
价格：160 ~ 200 元 / 幅

客厅墙面的设计不用费尽心机，几个框形石膏线，即可突出美式的古典精致韵味。

宝蓝色沙发成为视觉焦点

客厅色彩明亮舒适，白色的墙面、原木质感家具搭配宝蓝色的皮质老虎椅，很有视觉冲击力。宝蓝色的老虎椅和同色窗帘成为视觉焦点，在第一时间吸人眼球。

客厅除了黄色和蓝色，黑色的线条始终贯穿主题，黑色的铁艺吊灯和装饰画框与深色的美式家具可以形成很好的呼应。

桌椅
户外折叠休闲桌椅，可随意摆放，不占用空间，使阳台流露出休闲气息。
材质：铁
价格：300 ~ 460 元

多功能的休闲阳台

阳台和客厅隔着一扇玻璃格门，放置一款铁艺户外家具即成为一处休闲区，蓝黄相间的隔光帘沿用了客厅内的配色，圆形地毯带有美式酒吧的轻松格调。阳台处还特意定制了可容纳洗衣机的水槽柜，小阳台也有大作用。

深色实木橱柜彰显奢华感

厨房空间开阔，拥有良好的采光，配色上偏重色。橱柜采用南美红樱桃木，色泽纯正，高贵大气。地面铺设复古瓷砖，整体造型体现美式的奢华感。

1 防水铝扣板
2 实木橱柜
3 仿古地砖

风扇吊灯
美式四叶复古风扇吊灯，富有生活情趣。
材质：铁、玻璃
价格：500 ~ 900 元

餐椅
美式全实木 X 形餐桌椅，颇具现代感的设计更加契合业主追求简约的喜好。
材质：木
价格：2500 ~ 3000 元

稳重俏皮的餐厅空间

餐厅正对着玄关，也连接着客厅，实木餐桌搭配条椅和两张靠背椅，顶部装着带有照明的四叶复古电扇，看起来稳重深沉，软装细节处理中彰显出浪漫俏皮的风格。墙上淡淡的手绘鹿和丛林与电视背景墙遥相呼应。

业主并没有完全放弃对蓝色的偏爱，而是将步入式衣帽间外的谷仓门换成了更清淡的湖蓝色。

烟粉色的时尚主卧

卧室选用柔和的烟粉色做主色调，虽然还是同样质地的铁艺吊灯和深胡桃木色的家具，但整体格调柔美了许多。整个卧室婉约而复古，宁静雅致的氛围弥漫于整个睡眠空间。

充满童趣的儿童房

儿童房带有强烈的海洋风，帅气的帆船模型、救生圈玩具、蓝色的船纹窗帘在孩子幼小的心灵早早印上扬帆远航的梦想。蓝色的墙面、白色的家具以及床品的巧妙搭配，让空间效果更加丰富。

救生圈挂饰
地中海风格儿童救生圈装饰挂件，为儿童房注入活力与动感。
材质：布
价格：80 ~ 120 元

白色衣柜搭配低矮的红色玩具柜，使儿童房更显活泼可爱。

储物空间丰富的榻榻米书房

经典的简美风格书房，空间以白色为主色调；带抽屉的榻榻米可坐可卧，除了办公，这里也是和孩子互动、玩耍的场所。

吊灯
五角星创意艺术吊灯，冰花透光灯罩，点亮品质生活。
材质：玻璃、铜
价格：300 ~ 480 元

干湿分区的时尚卫生间

卫生间干湿分离，把盥洗台从狭小的空间解放出来，六角地砖从地面延伸至墙面，灯具则选用了不规则的星体，整个卫生间时尚明亮。在一片灰白的空间里，奶白色盥洗柜上的铁艺把手和铁艺镜前灯，显现出浓烈的复古意味。

1 防水铝扣板
2 白色乳胶漆
3 六角地砖

将马卡龙色系进行到底

吾家小城

本案例的业主拥有一个幸福的三口之家，和大多数家庭一样，年轻小夫妻带着一个可爱的女儿，身为白衣天使的女主人对于自己的房子有着独到的见解，她认为家就应该简简单单、干净明了，饰品、家具点到即可。全案以马卡龙色系彩漆搭配开来，薄荷绿、暖黄色、樱花粉都不会显得太扎眼，还具有舒缓压力的作用。

房屋面积：110 平方米
主设计师：范敬旋、严沁雯
设计单位：常州鸿鹄设计
软装设计：常州鸿鹄设计
项目主材：仿古瓷砖、实木地板、彩色乳胶漆、实木护墙板、榻榻米、铁艺屏风

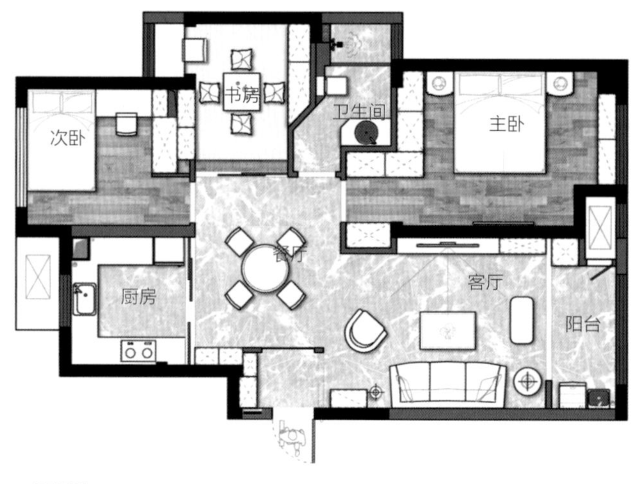

平面图

平面图分析

本案例空间格局是三室两厅一厨一卫一阳台。入户玄关柜兼具展示功能和美观效果；玄关后，客厅、餐厅近在咫尺，动线合一；餐厅边的厨房宽敞明亮。主卧设计了到顶衣柜，满足储物需求；儿童房梦幻童真；榻榻米书房功能性十足。

绿色系的活泼跃动客厅

客厅空间的色彩明亮跳跃，绿色的墙面、深色实木家具搭配几何图案多色地毯，将空间装点得格外夺目。客厅顶面未做任何装饰，一盏纯铜吊灯成了视觉的焦点，抱枕、挂画、台灯等各种美式软装饰品，让人倍感舒适。

电视背景墙采用半高的白色护墙板做造型，木质的温润感平衡了整个空间活跃的色调。

吊灯
美式简约全铜客厅吊灯，白色吊顶、绿色墙壁、金属色吊灯，这样的配色别有一番风味。
材质：铜
价格：1200 ~ 2600 元

客厅、餐厅的动线平衡

整个公共空间结构简洁有序，透过客厅看餐厅，一体化的设计达到了机能与动线、光线与材质的最佳平衡。

老虎椅
美式老虎椅单人沙发，保留了舒适性，在客厅中起到了聚焦视线的作用。
材质：木、棉麻
价格：1800 ~ 2500 元

浪漫时尚的餐厅

设计师将美式的浪漫与现代简约的时尚感相结合，空间简洁却不单调。绿色的墙面搭配白色吊顶，简单明朗；边上休闲的铁艺屏风，创造出一种随意舒适的生活氛围。

花瓶
铁陶釉陶瓷花瓶，浑厚稳重。搭配上黄色的花艺，优雅大气。
材质：陶瓷
价格：200 ~ 280 元

餐桌
美式实木圆形餐桌，外观淳朴，彰显美式家具的大气时尚感。
材质：木
价格：1800 ~ 2400 元

铁艺屏风形成入门玄关

入门处的拱形铁艺屏风形成一道隔断，起到缓冲视线的作用；半镂空的结构错落有致，一盏造型别致的星形吊灯点亮了玄关空间。

屏风
美式铁艺隔断，拱形雕花，尺寸可随意定制，是出色的空间规划师。
材质：铁
价格：150 ~ 180 元 / 平方米

自然温馨的米黄色卧室

床
美式实木布艺双人床，软包靠背，塑造简约大气的空间。
材质：木、布
价格：2800 ~ 3400 元

主卧的设计与装饰相对简约，墙壁采用温馨的米黄色乳胶漆，配上淡灰色的实木家具，温馨又舒适；简约的石膏线条背景墙极具艺术感。卧室采用复古实木地板，将自然气息带入室内。

小鸟壁饰
小鸟立体墙壁挂件，体现出儿童房的灵动与活泼。
材质：陶瓷
价格：35 ~ 40 元 / 个

灵动清新的儿童房

儿童房采用了少女系的樱花粉色，给人耳目一新之感，非常适合业主的小女儿。床头背景墙上形态各异的小鸟壁饰，为空间增添了一份灵动与清新。

纯净典雅的美式三居室

暖意融融

本案例的女主人是做服装生意的，对生活品质和设计的要求比较高，所以设计师在效果的表现上尽力让色调、画面和谐统一，又不能太过平淡；男主人平时工作比较忙，设计师想为其营造一个休闲惬意的空间；综合房子的面积、家庭成员构成和业主的需求，设计师为他们量身定做了这款休闲美式新居。

房屋面积：120 平方米
主设计师：由伟壮
设计单位：常熟大墅尚品——由伟壮设计团队
软装设计：常熟大墅尚品——由伟壮设计团队
项目主材：实木地板、彩色乳胶漆、硅藻泥、壁纸、瓷砖、大理石、钢化玻璃

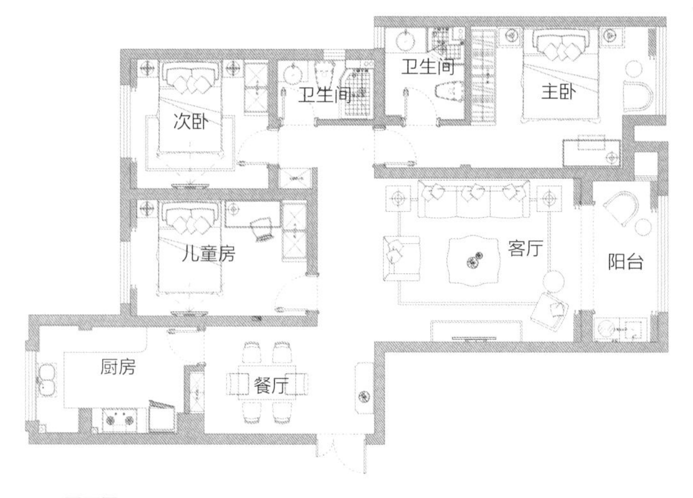

平面图

平面图分析

本案例空间格局是三室两厅一厨两卫一阳台。平面布局利用空间原有动线进行分割设计；客厅空间充裕，旁边是生活阳台，外延了室内的空间和视线；餐厅和厨房相邻，动线合理。主卧面积比较大，配有独立卫生间；儿童房和次卧一墙之隔，紧凑舒适。整个空间规整有序。

充满活力的休闲美式客厅

客厅以米白色系为主，同时融入了跳跃的活力色，让整体空间富有层次感；沙发背景墙延续绿色的张力，将自然元素融入美式风潮中；深色实木家具搭配浅色布艺沙发，在灯光的烘托下，营造一种安静优雅的居住氛围。

吊灯
美式纯铜双层客厅吊灯，全铜材质，造型高雅，体现从容的生活态度。
材质：铜
价格：1100 ~ 1800 元

电视机柜
美式四门实木电视机柜，质朴自然，散发美式韵味。
材质：木
价格：1800 ~ 2500 元

简单休闲的美式电视背景墙

电视背景墙造型简单，墙面是米白色的壁纸；白色吊顶上装饰有美式石膏线。深色实木电视机柜和茶几上的软装点缀，不论是材质还是色彩，都营造出了优雅的氛围。

地毯
复古花艺羊毛地毯，家居客厅地毯，打造温馨的居家港湾。
材质：羊毛
价格：2500 ~ 3000 元

美式沙发背景墙的运用

沙发背景墙大面积橄榄绿的运用为空间增添了些许时尚感，也迎合了女主人的品位和审美。软装上辅以镜面材质的装饰挂画做点缀，金属质感的饰品穿插其中，优雅中透着理性。

壁饰
美式太阳镜立体铁艺壁饰，极具艺术美感。
材质：铁
价格：160 ~ 200 元

烛台
美式铁艺玻璃烛台，优美的弧形曲线、复古的造型给就餐带来怀旧气息。
材质：铁、玻璃
价格：80 ~ 120 元 / 个

配有橄榄绿餐边柜的餐厅

餐厅与客厅相连，清素的主调中增添几抹静谧的橄榄绿；餐桌上自由散开的跳舞兰、高低错落的装饰品以及墙壁上的挂画，相互借景成像，营造出富有层次感的就餐空间。

床
美式实木高箱双人床，低调内敛的胡桃色，表现出主卧空间的经典优雅。
材质：实木
价格：3000 ~ 3500 元

吸顶灯
美式全铜卧室吸顶灯，整体造型古雅别致，展现温馨柔和的居室氛围。
材质：铜
价格：400 ~ 600 元

低调沉稳的主卧空间

卧室以棕色与米色为基底，彰显低调的奢华；米色的床品与墙面相呼应，细节处尽显美式的舒适与自然。拐角窗户没有做过多修饰，一把条纹布艺沙发椅为主人提供了一个惬意休闲的小空间。

吊灯
美式花枝形吊灯，花枝的造型富有自然美感。
材质：铜
价格：500 ~ 600 元

布艺色彩丰富的次卧空间

次卧延续了主卧的色彩搭配，但床和书桌都以象牙白为主色，带来清新的空间氛围。白色与蓝、黄、粉红颜色的软装布艺搭配，显得温馨优雅。

淡米色的优雅之家
莫妮卡之夏

本案例男主人热爱摇滚，女主人为自由职业者，此房为他们的婚房。他们都是追求生活品质之人，在风格上纠结了很长时间，最终选择了更有家庭感的简美风格。整体格局上没做太多改动，设计师本着“轻装修，重装饰”的理念，在硬装上没做太多的造型，将主要功力放在了后期的软装搭配上。整个空间在实用性和美感之间找到了一个恰当的平衡点，追求舒适，兼顾稳重。

房屋面积：110 平方米
主设计师：程启超
设计单位：武汉诗享家环境艺术设计有限公司
软装设计：武汉诗享家环境艺术设计有限公司
项目主材：仿手抓纹地板、彩色乳胶漆、仿古地砖、石膏线、白色模压橱柜

平面图

平面图分析

本案例空间格局是三室两厅一厨两卫一阳台，户型相对工整。入户借用厨房面积做了鞋柜，形成玄关。厨房外面是餐厅，餐厅的储物空间丰富；客厅临着观景阳台，采光良好。主卧配有带浴缸的独立卫生间和小飘窗；次卧留作未来的儿童房；考虑到业主的需求，将多功能房做成榻榻米和书桌柜相结合的实用空间。

美式沙发背景墙的运用

沙发背景墙的装饰画延续了美式风格的文化气息，明晰的石膏线条和优雅得体的地图装饰画，营造出温馨舒适的美式客厅。软装从细节上提升整体空间的品位，为客厅增加更多的时尚元素。

装饰画
美式世界地图三联装饰画，怀旧而又不失自在与随性。
材质：布
价格：120 ~ 200 元 / 幅

明亮温馨的简约美式客厅

客厅空间的色彩明亮温馨，大面积使用米黄色乳胶漆，墙面选用石膏线条造型，丰富墙面的层次感，完美诠释了简约美式的生活态度。家具采用最常见的美式深色实木家具，整个空间温馨、耐看。

温馨舒适的餐厅

餐厅与客厅风格统一，米白色空间搭配深色的休闲实木家具，体现出业主的个性和对品质的追求。厨房和餐厅间的白色实木移门，彰显出温馨又独特的美式气息。

巧用香槟色丰富空间色彩

业主要求主卧以惬意、放松为主，设计师去繁从简，打造以浅色为主的空间。背景墙选用简洁的石膏线条造型，增加墙面的层次感；爱马仕装饰画、香槟色窗帘、黄铜元素台灯，丰富了空间色彩和层次感。

业主十分在意空间的整洁度，所以丰富的储物空间必不可少。大面积的白色到顶衣柜，可以将衣物收拾妥当。

台灯
美式镂空金色卧室台灯，梅花网格，使卧室充满温馨感。
材质：布、铁
价格：240 ~ 380 元

简洁温馨的次卧

次卧延续着整体的简洁温馨，同时减少不必要的装饰；床品是突出温馨的最好装饰品，白色的墙面、小巧的抱枕和床头柜，一切都显得简单而美好。

床头柜
美式整装迷你床头柜，稳固罗马柱腿，小巧精致，适合小户型空间。
材质：木
价格：600 ~ 800 元

单身小资的色彩小窝

夏日么么茶

本案例的业主是一位单身小资，崇尚简单的生活，因此设计师并未做太多复杂造型。业主对色彩的要求非常高，设计师便为其打造了一个色彩明艳的小窝。地毯、壁纸、窗帘、抱枕、花瓶等色彩斑斓的元素在空间中得以一一体现，好像在花草丛一样，明黄、嫩绿，一阵清风自来！

房屋面积：72 平方米
主设计师：莫菲、曾崧
设计单位：成都迈筑空间创意工作室
软装设计：成都迈筑空间创意工作室
项目主材：彩色乳胶漆、实木复合地板、复古地砖、文化砖、壁纸、大理石台面

平面图

平面图分析

本案例空间格局是三室两厅一厨一卫。户型方正，户型改造亮点是：将餐厅的位置由原本的入户区改到原本阳台区，形成新的就餐区。靠阳台处有一间小小的茶室；主卧、次卧小巧精致；厨房、卫生间既独立分布，又相辅相成。72 平方米的小户型空间利用率极高。

柠黄色为主色调的个性客厅

客厅以柠檬黄为墙面打底，个性时尚；并将一面白色文化砖墙作为电视背景墙。柔软的米色沙发、实木的茶几与电视机柜几乎不占据视觉空间；一束鲜花、三两个柠檬黄的抱枕与七彩麋鹿挂画自由搭配，生活本该如此斑斓。

文化砖
白色文化砖，复古纹理、典雅质朴，具有文化内涵和艺术性。
材质：砖
价格：200 ~ 250 元 / 平方米

采光充足的客厅空间

餐厅与客厅原处于同一个空间，餐厅的位置改到阳台区，以使就餐区拥有最佳的采光。简单的木质餐桌搭配单边的白色卡座，最大限度地节省了小户型的空间。

餐厅采用卡座设计，卡座上设计储物架，方便酒水、书籍、装饰物等的摆放；卡座下为储物空间，美观实用。

搁板
一字形搁板、壁挂装饰架，彰显了小空间墙面的简约实用。
材质：木
价格：100 ~ 120 元 / 平方米

舒适安静的茶室空间

设计师利用墙角的位置打造了一处茶室空间，两面墙形成一个半开放式的角落。拉上窗帘可以会友、聊天、思考；敞开窗帘光线充足，亦可以读书、做手工。72 平方米的小户型每一寸空间都得到了合理利用。

绿色的简约床头背景墙呼应同色系的床品，品味属于自己的静谧时光。

床
美式实木白色公主床，造型优雅，线条简洁。
材质：木
价格：2800 ~ 3500 元

线条简单、色彩丰富的主卧

主卧温馨而暖人，利用亮色营造空间的活跃气氛；绿色与白色的清新搭配，使空间显得明亮而干净；简洁利落的线条勾勒，让房间的元素多元化；花样丰富的窗帘体现了业主的少女心。

梳妆台
美式橡木梳妆台，用心去打造次卧空间，让日子过得从容舒适。
材质：橡木
价格：1500 ~ 2000 元

配色大胆的次卧

次卧空间不大，以抢眼的深蓝色大花墙纸作为床头背景，让人眼前一亮。窗帘与床品上的一抹深蓝色作为色系的延展。家具则采用了传统的白色，以中和大面积的暗色。

相辅相成的厨卫空间

厨房、卫生间相辅相成，又各自独立。卫生间的干区设置在厨房的外面，扩大了卫生间的使用空间。厨房选用白色的橱柜、米色的瓷砖，整洁干净。

1 防水铝扣板
2 白色乳胶漆
3 防滑地砖

三口之家的温馨美式小家

幸福时光

本案例的业主为一对年轻夫妇，此套房子是为孩子上学而准备的学区房，风格定位为清新的简美风格。业主认为家看上去可以不用太干净，即使乱乱的也无所谓，一家人回到家能其乐融融地享受精彩生活就可以。整个空间设计师使用了暖色系，摆放上精心挑选的软装饰品，使美式的温馨感自然流露。

房屋面积：80 平方米
主设计师：吴恺
设计单位：无锡吉友洪室内设计工作室
软装设计：无锡吉友洪室内设计工作室
项目主材：实木复古地板、仿古瓷砖、木纹砖、彩色乳胶漆、实木护墙板、壁纸、黑白地砖、水泥砖

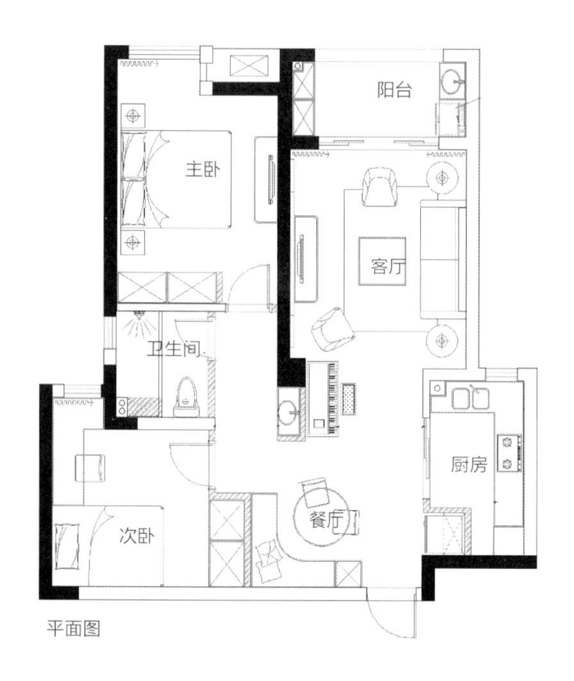

平面图

平面图分析

本案例空间格局是两室两厅一厨一卫一阳台。结构规整，布局合理，入户就是卡座餐厅，右手边是厨房；客厅紧邻阳台，采光良好。主卧、次卧在同一条线上，两个卧室中间是干湿分离的卫生间，动线合理。小户型的每一寸空间都得到了合理的利用。

陶瓷鼓凳
美式仿古鼓凳，东西方艺术完美结合，丰富了空间氛围。
材质：陶瓷
价格：280 ~ 350 元

装饰画
古罗马建筑装饰画，以复古灰为主色调，典雅大气，给人耳目一新的感受。
工艺：喷绘
价格：520 ~ 600 元

暖黄色搭配出的简美客厅

客厅呈现经典的简美风格，空间以暖色为主色调，绿色电视背景墙清新优雅，米色的布艺沙发搭配一把设计师款的亮黄色单人椅，提升了空间的质感；而个性的建筑元素装饰画则给沙发背景墙带来艺术的气息。

在这样的空间摆放一把美式单人椅，体现出悠然自得的生活态度；闲暇时分，坐在这里，捧一杯水，看一本书，享受内心的平静和安详。

壁灯
美式铁艺床头灯，给人自然舒适的居家感受。
材质：铁艺
价格：120 ~ 180 元

温馨和谐的主卧

主卧延续了客厅暖心的色彩，淡米色花纹壁纸打破了深色实木家具的沉重感，营造出高雅舒适的休息氛围。

洋溢着儿童气息的次卧

细长的单人床靠墙摆放，为这个狭小的次卧腾出足够的活动、学习空间。白色的家具、米黄色的乳胶漆、白色蕾丝的吊灯，清新简洁，充满公主色彩。

椅子
美式实木温莎椅，符合人体工学设计，取整木高温弯曲，美式经典单椅。
材质：木
价格：250 ~ 300 元

小巧而精致的餐厅

进门处的餐厅小巧而精致，追求功能和形式的完美统一。拐角卡座美观实用；白色的墙裙和米色的墙面，丰富了空间层次；个性的黑色、红色餐椅搭配圆形餐桌，整个餐厅空间活泼有趣。

花瓶
几何图案陶瓷花瓶，黑白色花瓶搭配黄色跳舞兰，给空间带来活力。
材质：陶瓷
价格：360 ~ 400 元

1 防水铝扣板
2 白色小方砖
3 石英石台面
4 黑白花砖
5 木纹砖

厨房采用经典的黑白搭配

厨房是经典的黑白配，白色实木橱柜搭配黑色台面，颇具气质的白色小方砖搭配黑白花色地砖，立体感强，整个厨房简单纯粹。

休闲的洗衣阳台

阳台洗衣区仍旧是一体式设计，白色橱柜简单而典雅，地面是温暖的木纹砖。小绿植的存在，即刻就让平淡的阳台清新起来，即便在洗衣服也会幸福地哼着小曲。

咖啡色的浪漫美式三居室

绿箩舟

本案例为简约美式风格，简约、轻快是设计的核心理念。硬装上没有太多的花样和繁杂的造型；设计师对色彩的搭配胜过对空间结构的安排，色彩的主导意义在这里想要传达一个概念：浪漫与你。简单的室内装饰，时尚的家具搭配艺术挂画，这套浪漫的三居室充满鲜活的气息，让业主在繁忙的生活中找到心灵的归处。

房屋面积：114 平方米
主设计师：洪茹
设计单位：芜湖禄本家居设计有限公司
软装设计：芜湖禄本家居设计有限公司
项目主材：实木地板、仿古地砖、壁纸、硅藻泥、马赛克瓷砖、天然石材、实木护墙板

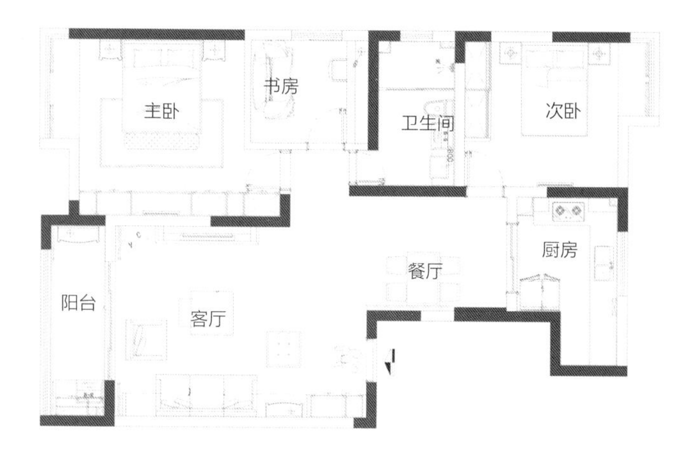

平面图

平面图分析

本案例空间格局是三室两厅一厨一卫一阳台。户型方正，南北通透，入门即为客厅，客厅外接景观阳台，视野开阔。公共区域：客厅、餐厅、厨房三室一线。休息区：主卧、次卧、书房也在一条直线上。空间的划分非常明确，动静适宜；卫生间在空间的中心位置，动线合理。

巧用壁炉打造经典美式客厅

客厅的色调温和朴素，不张扬，不做作。电视背景墙的简约壁炉造型既实现了多功能收纳，又满足了美化要求，还能体现出浓浓的美式风情。沙发背景墙用一组精致的圆形组合挂画来点缀，简单优雅。

装饰画
美式麋鹿装饰画，以及圆形唯美的相框组合，丰富了墙面空间。
材质：木
价格：130 ~ 180 元 / 个

沙发
美式布艺沙发，清新简美风，回归自然。
材质：布、实木
价格：3000 ~ 3500 元

1 白色乳胶漆
2 彩色乳胶漆
3 马赛克瓷砖
4 大理石台面
5 米白色瓷砖

实木护墙板装饰的餐厅

餐厅与厨房相邻，中间采用一扇白色推拉玻璃木门做区隔，使得来自厨房的光线能够照亮餐厅；餐厅的亮点在于一侧的白色实木护墙板，温润又有质感，搭配漂亮的装饰画，让用餐更有氛围。

餐桌椅
美式黑胡桃实木餐桌椅，结实稳固，时尚雅致，由纯正美式工艺打造而成。
材质：木
价格：3000 ~ 3900 元

储物空间丰富的主卧

主卧延续客厅的浅咖啡色调，整体造型简单，深色实木的家具与墙漆、窗帘完美搭配，使得整个空间既大气厚重，又温馨雅致。临窗处的飘窗舒适惬意，足以放松身心。

床
美式实木黑色双人高背床，黑胡桃木色，展现了低调的精致和奢华。
材质：木
价格：3300 ~ 3600 元

电视机柜设计成整排收纳功能强大的柜子，且将电视机巧妙地融入柜中，成为整个空间的收纳担当。

硅藻泥
环保硅藻泥涂料，耐水性强，健康、安全、环保。
材质：硅藻泥
价格：80 ~ 120 元 / 平方米

环保简洁的次卧

次卧依然选用咖啡色元素，但床头背景墙材质上选用了更加环保的硅藻泥。咖啡色的墙面搭配白色的家具、素雅的床品和绿色的抱枕、窗帘，整个空间低调又不失活力。

台灯
美式长臂伸缩护眼台灯，柠檬黄在这个空间里十分抢眼。
材质：铁
价格：80 ~ 150 元

充满书香气息的书房

书房设计很有格调，深色木地板搭配白色书桌椅，一深一浅，色彩对比鲜明。墙面整组书柜的展示，书香气息浓郁，典雅醇厚。

都市女子的温馨小窝
小森林

本案例的业主是一位对生活充满热情的女孩。在前期设计师和业主详细沟通后了解到她有轻度洁癖，家里需要时刻保持整洁，又喜欢在家和朋友相处，所以美式休闲的居家风格再合适不过。整体氛围通过色彩营造而成，将业主的生活习惯和需求完全解构于空间布局之中，再通过软装饰品的款式、颜色和材质，传递她对精致生活的追求。

房屋面积：68 平方米
主设计师：陈欢
设计单位：成都七间装饰设计有限公司
软装设计：成都七间装饰设计有限公司
项目主材：地砖、白色乳胶漆、彩色乳胶漆、石膏线、实木复合地板、移门隔断、钢化玻璃

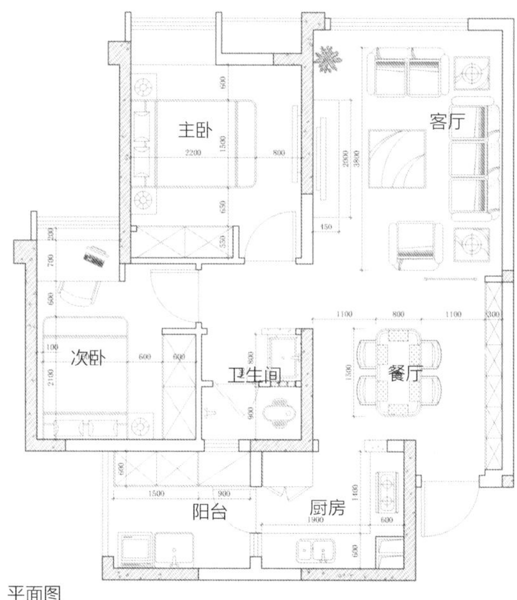

平面图

平面图分析

本案例空间格局是两室两厅一厨一卫一阳台。入户是整面的收纳柜；客厅、餐厅连成一条动线，采光、通风良好；厨房连通后阳台，增加了洗衣功能。两间卧室面积较小，布局紧凑；卫生间干湿分离，便于居家生活。房间再小都值得好好规划。

落地台灯
不锈钢三角落地灯、复古风灯架探照灯，造型富有新意，潮流感十足。
材质：木、不锈钢
价格：600 ~ 800 元

沙发
美式蓝色三人位布艺沙发，精致柳钉，宽大扶手，超厚靠背，柔软舒适。
材质：棉麻
价格：3000 ~ 4000 元

蓝色和黄色装点的温馨客厅

整个客厅色彩明亮舒适，色彩的主角是蓝色和黄色。蓝色的布艺三人沙发、亮黄色的单人沙发、淡蓝色的窗帘等软装饰品点缀出清新舒适的居家氛围。

从客厅可以望见餐厅、厨房，视野通透，动线顺畅。

隔断
白色玻璃隔断，可定制，既分隔了空间，又不影响采光。
材质：木 、玻璃
价格：400 ~ 500 元 / 平方米

入户玻璃隔断形成视线缓冲

进门正对客厅，设计师特意在此处打造了一个白色实木边框的玻璃隔断，既可缓冲视线，又不会影响采光，还增加了空间的层次感。隔而不断的造型让这个小户型显得更加宽敞通透。

紧凑独立的餐厅空间

餐厅一边紧挨厨房，一边连接客厅，在空间布局上合理紧凑。餐厅与厨房采用半开放式的轻隔间设计，以白色门套作为隔断。大气的美式实木餐桌椅，搭配整面定制的组合式餐边柜和雅致照片墙，使得餐厅空间别有情调。

餐厅旁边整面的柜体，集收纳、展示、入门换鞋等功能于一体，实用美观。

餐桌椅
长方形实木餐桌椅组合，透出原木的气息，色泽沉稳大气。
材质：实木
价格：2800 ~ 3600 元

清新怡人的主卧

卧室从实用性考虑，布局紧凑，以米白色为主，米色背景墙搭配温馨的灯光和软包靠背双人床，整个空间静谧舒适。

壁灯
美式简约床头灯，复古怀旧。
材质：铁
价格：200 ~ 250 元 / 个

装饰画
美式装饰画，黑色实木边框，让人品味艺术美感生活。
材质：木
价格：250 ~ 300 元 / 幅

布局紧凑的次卧空间

次卧面积较小，布置简单，在有限的空间内单人床靠墙摆放，最大限度地保留了活动空间。小小的空间看起来非常整洁，用软装来点缀美式风，既不招摇，又别有一番风味。

抱枕
蓝色几何图案抱枕，太阳花设计元素，为家增添了几分温暖和舒适。
材质：棉
价格：30 ~ 35 元 / 个

质朴实用的厨房

厨房功能齐全，呈 L 形布局，满足“柴米油盐酱醋茶”的生活所需；选择白色实木整体橱柜搭配米白色台面，墙面和地面采用橙色的复古墙砖，流露出自然质朴之感。

1 防水乳胶漆
2 复古瓷砖
3 石英石台面

卫生间干湿分离

卫生间用一面钢化玻璃来实现简单的干湿分离，通透的玻璃不会破坏空间的整体感；墙面拼贴双色瓷砖，强化了空间的层次感。

4 防水铝扣板
5 钢化玻璃
6 复古瓷砖